L'ÉLECTRICITÉ

DANS LA MAISON MODERNE

AVANT-PROPOS

Simple curiosité de laboratoire, il y a un siècle, l'électricité a pris en quelques années un essor sans précédent dans l'histoire des sciences. On peut dire que, plus encore que la vapeur, elle transforme en ce moment la plupart des branches de l'industrie et nos mœurs elles-mêmes.

Il n'entre pas dans le cadre de cet ouvrage de tracer un tableau, même sommaire, de tous les services que cette forme de l'énergie, restée si longtemps inutilisée, rend à la civilisation moderne. Les pages qui vont suivre sont consacrées uniquement à ses usages domestiques : c'est la synthèse des applications dès à présent possibles, supposées réunies dans une sorte de maison modèle.

La *maison électrique*, où sont mises à profit toutes les connaissances jusqu'ici acquises dans cet ordre d'études, n'est sans doute point encore très répandue. Elle n'est même

1

qu'une exception et il ne saurait en être autrement, car toute tentative de progrès se heurte inévitablement à la routine, quand ce n'est pas à des motifs d'ordre économique, ou bien à des monopoles, ou enfin à des résistances systématiques. Il existe pourtant déjà quelques installations de ce genre, tant à l'étranger que chez nous, et l'on pourrait en trouver plusieurs dans les quartiers de l'Ouest parisien. Tout récemment, à Berlin, le célèbre physicien Siemens en faisait aménager une des plus complètes.

L'exemple de ces premiers essais nous fait prévoir ce que sera la maison de demain.

L'électricité en est l'âme. Toutes les pièces empruntent leur éclairage à des lampes incandescentes et le chauffage y est assuré par des radiateurs. Pendant l'été, des ventilateurs aspirent l'air frais des caves. C'est le courant qui actionne l'ascenseur, monte les bouteilles du cellier et transporte les plats de la cuisine dans la salle à manger. C'est lui encore qui fait retentir les sonneries d'appel et transmet la parole à distance, permettant de converser à mille kilomètres ou d'entendre une représentation théâtrale sans quitter son *home*. Cuisine à l'électricité, lessive à l'électricité, couture à l'électricité, repassage à l'électricité : la fée du jour préside à tous les services et il n'est point d'appartement où elle ne soit appelée à rendre quelque office. Contribuant, dans la plus large mesure, à satisfaire ce désir croissant de confortable qui caractérise de plus en plus la vie moderne, surtout dans les grands centres, elle modifie profondément toutes nos habitudes et, pour quiconque n'y serait point accoutumé, l'existence dans une telle demeure serait certainement, pendant les premiers jours, une surprise de tous les instants. Aussi me suis-je attaché, au cours de ces divers chapitres, à mettre en évidence les avantages

L'ÉLECTRICITÉ

DANS

LA MAISON MODERNE

LES

Compteurs

d'Électricité

ERNEST COUSTET

Un volume in-16 avec 56 figures dans le texte

Prix : 2 fr. 50

D'ÉLECTRICITÉ

PRATIQUE

Premières Leçons à la portée

de tous

PAR

Ernest SAINT-EDME

Ancien Professeur de Physique
à l'École Turgot

1 vol. in-16 avec 73 figures

dans le texte

Prix . . . . **2 fr. 50**

TABLE DES CHAPITRES

Chapitre I. — *Généralités sur l'électricité statique.*

Chapitre II. — *Magnétisme.*

Chapitre III. — *Unités et Appareils de mesure.*

Chapitre IV. — *Les Piles électriques.*

Chapitre V. — *Accumulateurs.*

Chapitre VI. — *Les Machines magnéto et dynamo-électriques.*

Chapitre VII. — *L'Éclairage et les Lampes électriques.*

Chapitre VIII. — *Tableaux de distribution ; conducteurs ; installations de lignes.*

Chapitre IX — *Téléphonie.*

Chapitre X. — *Sonneries électriques.*

A. M. VILLON

LE PHONOGRAPHE

Un vol. in-16 avec 98 figures dans le texte

Prix. . . . . 2 francs

BIBLIOTHÈQUE DES ACTUALITÉS INDUSTRIELLES, N° 76.

L'ÉLECTRICITÉ

DANS

LA MAISON MODERNE

PAR

Ernest COUSTET

Avec 185 figures dans le texte.

PARIS

Librairie Bernard TIGNOL

ACQUÉREUR DE LA

LIBRAIRIE DE L'ÉCOLE CENTRALE DES ARTS & MANUFACTURES

53 *bis*, Quai des Grands-Augustins, 53 *bis*

que procure l'emploi du courant électrique, faisant ainsi ressortir le progrès qui en résulte dans la voie de l'hygiène et du bien-être.

* *

J'aurais voulu écarter de ce livre, écrit pour tout le monde, les principes un peu abstraits, mais qu'il est pourtant utile de connaître avant d'aborder l'étude des applications qui en découlent. Je l'ai fait dans la mesure du possible, sans vouloir néanmoins rien sacrifier à l'exactitude et à la précision qui s'imposent en tout ce qui touche à la science contemporaine.

Dans le but de rendre cet exposé accessible à tous, j'ai résumé sommairement, en un chapitre préliminaire, quelques-unes des lois fondamentales qui régissent les phénomènes électriques. Ce chapitre, d'une rédaction forcément sèche et aride, ne fait point partie intégrante de l'ouvrage. Il ne s'adresse qu'au lecteur qui ne posséderait encore aucune notion sur l'énergie électrique.

Après quelques pages consacrées à la production du courant, et notamment aux générateurs qui peuvent trouver leur place dans les appartements, on trouvera l'examen méthodique des applications multiples que l'électricité a reçues jusqu'à maintenant à l'intérieur de l'habitation.

Le sujet à traiter était vaste et il ne fallait pas songer à étudier chaque matière avec tous les développements qu'elle aurait pu comporter. Il était cependant nécessaire de rester aussi complet que possible. Le seul moyen de concilier ces deux exigences contradictoires était de parler à la fois à l'esprit et aux yeux. C'est pourquoi une illustration abondante, parfois pittoresque, est venue ajouter au texte l'enseignement facile et puissant de l'image.

CHAPITRE PREMIER

PRÉLIMINAIRES

Le courant électrique et ses lois.

Le phénomène mystérieux auquel on a donné le nom de courant électrique est dû à une force dont la nature intime ne nous sera probablement jamais connue et que les physiciens appellent *force électromotrice*.

Pour mieux comprendre ce qui se passe dans un fil de métal parcouru par un courant électrique, on peut comparer ce dernier à une chute d'eau.

Supposons deux réservoirs, A et B (fig. 1) situés à des niveaux différents et reliés par une conduite. Le liquide contenu dans le réservoir supérieur A exercera une pression d'autant plus forte que la colonne A B sera plus haute; il tendra à s'écouler dans le réservoir B avec une énergie proportionnée à la différence de niveau.

Si l'on maintient la pression constante, en alimentant convenablement le réservoir supérieur, de façon à rendre son niveau invariable, on conçoit que la quantité d'eau qui pourra passer de A en B pendant un temps déterminé dépendra des dimensions de la conduite. Il sera possible d'augmenter cette quantité sans agrandir la conduite, à condition d'accroître la différence de niveau et par suite la pression.

Enfin, la puissance développée par la circulation de l'eau sera proportionnelle à la fois à la pression et au volume de liquide débité. C'est ainsi que, pour calculer l'énergie qu'une turbine est capable de fournir, on a soin de déterminer à la fois la hauteur de chute et le débit.

Les mêmes éléments sont à considérer dans les phénomènes électriques.

Fig. 1. — Courant hydraulique.

Tout générateur d'électricité comporte deux *pôles* (pôle positif, ou pôle +, et pôle négatif, ou pôle —) entre lesquels il existe une différence de niveau électrique (les électriciens disent : une *différence de potentiel*). Si les deux pôles sont réunis par un fil conducteur, la force électromotrice résultant de cette différence de potentiel tend à faire circuler un flux électrique du pôle positif au pôle négatif. Mais le fil conducteur oppose au passage du courant une *résistance* d'autant plus grande que son diamètre est plus faible : l'eau éprouve de même une résistance d'autant plus énergique que la conduite est plus étroite. Il faut pourtant remarquer que la résistance électrique dépend aussi de la nature du conducteur et non pas uniquement de sa section.

L'*intensité* du courant ou, en d'autres termes, la quantité d'électricité débitée pendant un temps déterminé, sera d'autant plus grande que la pression ou différence de potentiel sera plus élevée et que le conducteur offrira moins de résistance.

Enfin, la *puissance* que pourra développer le courant électrique sera représentée par le produit de la pression par le débit.

Fig. 2. — Circuit électrique.

On appelle *circuit* l'ensemble des conducteurs livrant passage au courant, depuis le pôle positif jusqu'au pôle négatif. C'est là le circuit extérieur (fig. 2). Il continue dans le même sens à l'intérieur du générateur électrique. où le flux circule du pôle négatif au pôle positif.

Pour que le courant passe. il est indispensable que le conducteur ne présente aucune solution de continuité. On dit

alors que le circuit est *fermé*. Il est *ouvert*, lorsque le conducteur est interrompu en l'un quelconque de ses points.

Les appareils traversés par le courant peuvent être disposés de deux façons différentes.

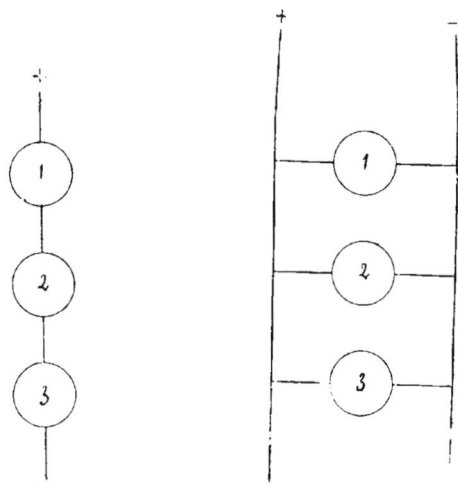

Fig. 3.   Fig. 4.
Branchement en série.   Branchement en dérivation.

Lorsqu'ils sont placés dans un même circuit, les uns à la
suite des autres (fig.3), de telle sorte que le même courant
ait à passer d'abord dans le premier appareil, puis dans le
deuxième, ensuite dans le troisième, et ainsi de suite, on
dit qu'ils sont branchés en *série* ou en *tension*. Dans ce cas,
l'intensité du courant est la même dans tous les appareils.

Dans le montage en *dérivation* (fig. 4) chaque appareil est
relié aux fils principaux correspondant aux deux pôles du
générateur. Le courant se divise alors et son intensité dans

chaque dérivation est d'autant plus grande que le fil de cette dérivation présente moins de résistance.

*
* *

Les éléments d'une force hydraulique sont déterminés en unités permettant d'en évaluer l'importance. La hauteur de chute est exprimée en mètres ; le débit, en litres ; la puissance, en kilogrammètres ou en chevaux-vapeur.

Il existe également des unités électriques.

L'unité de force électromotrice, différence de potentiel, pression ou tension (car tous ces termes sont synonymes), est le *volt*.

L'unité d'intensité est *l'ampère*.

L'unité de quantité est le *coulomb* : c'est la quantité fournie en une seconde, lorsque l'intensité est de 1 ampère. *L'ampère-heure* représente la quantité d'électricité débitée en une heure, quand l'intensité est de 1 ampère. Ainsi, un ampère-heure équivaut à 3.600 coulombs.

L'unité de résistence est *l'ohm* : c'est, à peu près, la résistance d'un fil de fer ayant quatre millimètres de diamètre et cent mètres de longueur.

L'intensité d'un courant est toujours proportionnelle à la force électromotrice et en raison inverse de la résistance du circuit. Ainsi, dans un conducteur ayant 1 ohm de résistance, le débit sera de 1 ampère, si la tension est de 1 volt. Pour débiter 2 ampères, il faudra, ou doubler le voltage ou diminuer la résistance de moitié.

L'unité de puissance électrique est le *watt*. On emploie aussi ses multiples, l'hectowatt qui vaut 100 watts et le kilowatt qui en vaut 1000. Le watt est le produit de 1 ampère par 1 volt. Pour égaler la force d'un cheval-vapeur soit 75 kilogrammètres par seconde, il faut 736 watts.

Le *watt-heure*, unité de travail électrique, représente le produit de la puissance développée par un watt en une heure. On fait également usage de ses multiples, l'hecto-watt-heure et le kilowatt-heure.

⁎

Les phénomènes électriques sont trop nombreux pour que nous les examinions tous ici. Pour ne pas sortir du cadre de cet ouvrage, nous devons nous borner à indiquer, au cours de ce chapitre préliminaire, les principes fondamentaux qu'il faut connaître au moins superficiellement pour comprendre les applications que nous aurons à décrire.

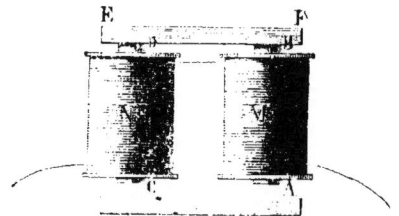

Fig. 5. — Electro-aimant.

Si on enroule en forme d'hélice ou de bobine un conducteur parcouru par un courant, on peut observer les mêmes propriétés magnétiques qu'avec un barreau d'acier aimanté (1). Cette bobine est ce que l'on nomme un *solé-noïde*. Si l'on introduit dans l'hélice ainsi formée une tige de

(1) C'est sur cette propriété qu'est fondé le *galvanomètre*, instrument permettant de constater la présence d'un courant et d'en mesurer l'intensité. Il est constitué par une aiguille aimantée posée sur un pivot ou suspendue à un fil et pouvant se déplacer à l'intérieur d'une bobine autour de laquelle est enroulé un conducteur recevant le courant à mesurer. L'aimant tend à se placer parallèlement aux pôles du solénoïde.

fer doux (fer pur recuit à plusieurs reprises et non écroui),
on constate que ce fer s'aimante et qu'il conserve son
magnétisme tant que le courant passe. Cette aimantation
disparait aussitôt que le courant cesse. On appelle *électro-
aimant* l'appareil ainsi réalisé : La fig. 5 montre un modèle
à deux branches. La lame de fer doux A C placée en regard
des pôles magnétiques et attirée lorsqu'on ferme le circuit,
constitue *l'armature*. Pour que le flux électrique parcoure
le conducteur dans toute sa longueur et ne puisse sauter
d'une spire de la bobine aux spires contiguës, on a soin de
recouvrir le fil métallique, avant de l'enrouler sur la bobine,
d'un enduit isolant, c'est-à-dire d'une matière ne condui-
sant pas l'électricité, comme la soie, le coton, la gomme-
laque, le caoutchouc, la gutta-percha, l'amiante, etc.

Le courant électrique produit donc une aimantation.
Réciproquement, un aimant peut donner naissance à un
courant électrique. Si, en effet, on approche un barreau
aimanté d'un solénoïde ou d'un électro-aimant, on constate la présence d'un courant, d'une durée très courte,
mais d'un sens bien déterminé. Si l'on éloigne l'aimant,
un nouveau courant se produit, aussi bref que le premier,
mais dirigé dans le sens opposé.

Un solénoïde et un électro-aimant se comportant absolument comme un aimant, on conçoit qu'en approchant
d'un circuit fermé une bobine parcourue par un courant
on puisse constater la production d'un nouveau courant
dans le circuit fermé. C'est, en effet, ce qui a lieu.

On appelle courants *induits* ou *secondaires* les courants
ainsi produit par induction, et *primaires* ou *inducteurs* ceux
qui servent à en produire d'autres.

Ajoutons que, lorsqu'on interrompt un conducteur traversé par un courant, il se produit un nouveau courant,

de même sens que le premier, de durée extrêmement limitée et qui a reçu le nom *d'extra-courant* d'ouverture. Au moment où le courant commence à passer, on constate aussi un extra-courant de fermeture, mais ce dernier est dirigé en sens inverse du courant principal et tend à en annuler un instant les effets.

On trouvera des applications très importantes de ces phénomènes électro-magnétiques et électro-dynamiques, soit dans la production de l'électricité, soit dans les notices consacrées aux moteurs, aux sonneries et au téléphone.

Le lecteur verra également l'utilisation des phénomènes caloriques et chimiques.

Le passage de l'électricité dans un fil a pour effet d'échauffer ce dernier en proportion de sa résistance et du nombre d'ampères qui le traversent. La chaleur ainsi dégagée peut atteindre un degré tel que le conducteur soit portée à l'incandescence et répande une vive lumière.

Lorsque le courant traverse un liquide, une solution saline par exemple, il en détermine la décomposition chimique. Parmi les éléments constitutifs de ce liquide, les uns se dirigent vers le pôle positif, tandis que les autres se portent sur le pôle négatif. Ce phénomène constitue l'*électrolyse*. Les applications en sont innombrables dans l'industrie. Rappelons seulement la dorure et l'argenture galvaniques, ainsi que la reproduction en cuivre des moindres détails d'une sculpture ou d'un bas-relief. Actuellement, l'utilisation de l'électrolyse dans les appartements n'a trait qu'à l'assainissement, mais l'importance de cette application est capitale. Indiquons, pour en finir avec ces notions arides, que l'on appelle *électrolyte* le liquide soumis à l'action du courant et *électrodes* les deux plaques conductrices plongées dans ce bain et respectivement en communication avec chacun des pôles de la source d'électricité. L'électrode reliée au pôle positif est l'*anode* ; celle qui correspond au pôle négatif est la *cathode*.

•

CHAPITRE II

Le courant électrique peut naître, soit d'une réaction chimique, soit d'un effet d'induction, soit, encore, d'un phénomène calorique. Nous ne nous occuperons pas de ce dernier mode de production, car, jusqu'ici, les piles thermiques, en raison de leur rendement insuffisant, n'ont pu recevoir aucune application pratique et sont absolument sans emploi dans les appartements.

Après avoir étudié les piles chimiques, ou hydro-électriques, et les machines d'induction, nous dirons un mot des accumulateurs, qui permettent d'emmagasiner l'énergie électrique, pour l'utiliser ultérieurement.

I. — Piles

Réduite à sa forme la plus simple, la pile chimique est constituée par un récipient (fig. 2, page 7) contenant de l'eau additionnée d'acide sulfurique dans laquelle sont immergées une lame de zinc pur, ou de zinc amalgamé, Z, et une plaque, C, de cuivre ou de tout autre corps conducteur inattaquable par l'eau acidulée.

Si les deux plaques sont reliées par un fil métallique, le zinc est aussitôt attaqué et l'eau est décomposée : l'oxygène se combine avec le zinc et l'acide sulfurique, pour former du sulfate de zinc, tandis que l'hydrogène se porte sur la lame de cuivre. On constate alors, dans le fil conducteur, la présence d'un courant électrique dirigé de la lame de cuivre (pôle positif) vers la lame de zinc (pôle négatif).

Ce couple zinc-cuivre-eau acidulée constitue un élément de pile. Les éléments d'une pile peuvent être groupés de deux façons différentes.

Si l'on veut augmenter la tension, les éléments sont réunis en série, les uns à la suite des autres, de telle sorte que le pôle négatif du premier élément soit relié au pôle positif du deuxième élément, le pôle négatif de celui-ci au pôle positif du troisième élément, et ainsi de suite.

Si, au contraire, on veut obtenir une plus grande quantité d'électricité, mais à basse tension, les éléments sont réunis en dérivation (on dit aussi : en quantité, ou en batterie). Dans ce cas, toutes les lames de zinc aboutissent au même fil ; toutes les lames de cuivre convergent également vers l'autre fil.

L'élément que nous avons décrit ne fournit pas un courant constant et, si on le connecte à un galvanomètre, on voit l'aiguille de ce dernier accuser, au bout de quelques instants, une rapide diminution d'intensité. La raison en est que l'hydrogène, en se déposant sur le cuivre, forme bientôt, autour de cette électrode, une gaine qui présente au circuit intérieur une résistance considérable. Il se produit, en outre, une force contre-électromotrice tendant à établir un courant secondaire dirigé en sens inverse du courant principal, dont il diminue et annule même complétement l'effet. Ce phénomène constitue la *polarisation*.

Depuis Volta, son inventeur, qui *empilait* successivement, et toujours dans le même ordre, des disques de zinc, de drap mouillé et de cuivre, la pile a revêtu des formes innombrables. Nous ne ferons connaître que celles qui peuvent être utilisées dans la maison.

Les constructeurs se sont surtout préoccupés d'éviter la polarisation. Mais les piles du genre Daniell sont les seules qui réalisent complètement cette condition et qui donnent un courant d'une constance absolue. Dans toutes les autres, la dépolarisation est toujours plus ou moins incomplète, ou ne se produit que si la pile ne fournit du courant que par intermittences.

**

Pile Daniell. — Chaque élément (fig. 6) contient deux liquides séparés par une cloison poreuse. L'un des liquides est de l'eau additionnée d'acide sulfurique ou de sulfate de zinc ; une plaque de zinc, roulée en cylindre, y est immergée ; l'autre liquide est une solution de sulfate de cuivre dans laquelle est plongée une lame de cuivre.

Le zinc, en s'oxydant, forme, par sa combinaison avec l'acide, du sulfate de zinc, et l'hydrogène mis en liberté, traversant le vase poreux, vient décomposer le sulfate de cuivre et se combiner avec l'oxygène de l'oxyde de cuivre pour reformer de l'eau, pendant que le cuivre, réduit à l'état métallique, se dépose sur l'électrode positive. On évite ainsi la polarisation et la force électromotrice conserve une constance remarquable. Il faut seulement avoir soin de soutirer, de temps en temps, au moyen d'un siphon, le sulfate de zinc en excès, et maintenir à l'état de saturation la solution de sulfate de cuivre, en y ajoutant des cristaux de ce sel. Une disposition très simple permet de laisser

fonctionner la pile pendant plus de six mois, sans y toucher.
On introduit, dans un ballon de verre, 1 kilogramme de
cristaux de sulfate de cuivre ; on achève de le remplir avec
de l'eau, puis on le ferme au moyen d'un bouchon traversé
par un tube en verre et on le renverse sur le vase poreux.
Les cristaux se dissolvent peu à peu, à mesure que la solution s'appauvrit dans le vase poreux et, comme le liquide
saturé est plus dense, il descend et entretient la liqueur
dans laquelle baigne le cuivre en un état de concentration
convenable.

La tension de l'élément Daniell est sensiblement égale

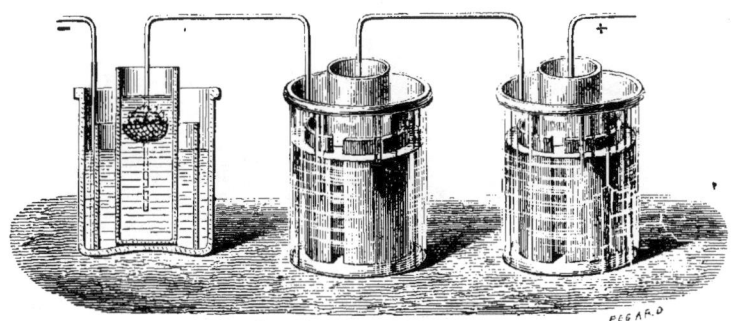

Fig. 6. — Pile Daniell, composée de trois éléments.

à un volt. Sa résistance est assez grande, car la cloison poreuse ne laisse passer le courant que par ses canaux capil-
laires imbibés de liquide, de sorte que, si l'on a besoin
d'un débit important, il faut augmenter considérablement
la surface des électrodes, ou associer plusieurs éléments
en batterie.

Le vase poreux a d'autres inconvénients. Au bout d'un
certain temps de fonctionnement, il se recouvre d'un dépôt
de cuivre qui s'incruste sur ses parois et pénètre même

dans les pores, qui finissent par être obstrués. De plus, les liquides ne sont pas suffisamment séparés par cette cloison et se mélangent facilement. Le sulfate de cuivre peut ainsi venir en contact avec le zinc, être décomposé et laisser un dépôt boueux sur cette électrode, en même temps qu'un courant intérieur résulte de cette action locale. Dès lors, le zinc et le sulfate de cuivre s'usent même lorsqu'on ne se sert pas de la pile et cette dépense faite en pure perte est un défaut sérieux lorsqu'on n'a besoin que d'un courant intermittent, pour actionner, par exemple, une sonnerie.

*.

Dans la *pile Callaud* (fig. 7) le vase poreux est supprimé et la séparation des deux liquides résulte uniquement de leur différence de densité.

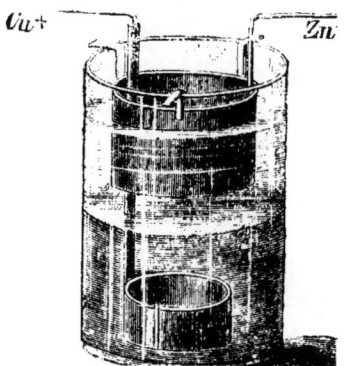

Fig. 7. — Élément Callaud.

La solution de sulfate de cuivre occupe le fond de l'élément et baigne un ruban de cuivre rivé à un fil de même métal ; ce dernier est isolé par une gaine en gutta-percha.

Dans la partie supérieure, un cylindre de zinc, soutenu par trois crochets, plonge dans la solution de sulfate de zinc.

Dès que le sulfate de cuivre commence à s'épuiser, — ce que l'on reconnaît à sa couleur qui, de bleu foncé, devient de plus en plus pâle, — il faut ajouter des cristaux.

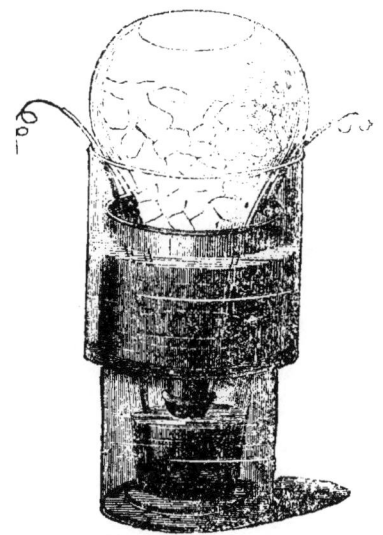

Fig. 8. — Élément Meidinger à ballon.

Cette opération est réalisée automatiquement dans *l'élément Meidinger*. Comme le montre la fig. 8, un ballon de verre à col allongé est rempli de sulfate et conserve au liquide inférieur la saturation nécessaire.

La *pile O'Keenan* effectue automatiquement le renouvellement des deux liquides. La figure 9 en représente une batterie formée de neuf éléments.

Chacun de ces éléments est constitué par une auge en

bois paraffiné contenant une plaque de zinc de grandes dimensions enveloppée dans un sac en papier-parchemin formant cloison poreuse. Deux lames de plomb servent de pôle positif.

Tous les éléments sont réunis dans une grande caisse, munie d'une glace à sa partie antérieure et pleine de liquide. Ce dernier peut pénétrer dans les auges, percées à cet effet d'une fente verticale.

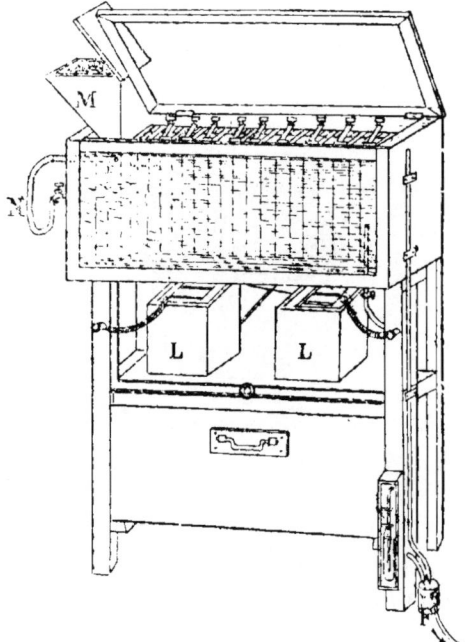

Fig. 9. — Pile O'Keenan.

On voit, à gauche, une trémie M surmontant un compartiment percé de trous et que l'on remplit de cristaux de

sulfate de cuivre. Un tuyau N laisse tomber, goutte à goutte, l'eau qui remplit la caisse et dissout peu à peu le sulfate de cuivre. Un autre tuyau sert à évacuer le sulfate de zinc. La glace antérieure permet de surveiller le fonctionnement de la pile, par le simple aspect du liquide.

LL sont des accumulateurs qui emmagasinent l'électricité produite.

Dans la partie inférieure est une caisse pouvant contenir une assez grande provision de sulfate de cuivre.

La pile O'Keenan est souvent employée dans de petites installations d'éclairage électrique. Elle fournit un courant constant et n'exige que peu d'entretien.

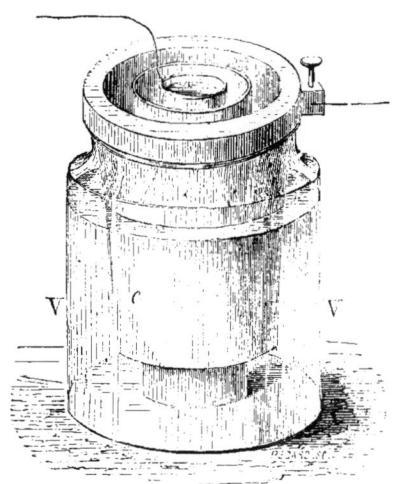

Fig. 10. — Élément Bunsen.

***

Pile Bunsen. — Dans un récipient en verre V (fig. 10) est un cylindre de zinc *e* fendu sur toute sa longueur et un vase poreux contenant une plaque en charbon de cornue. Le zinc est immergé dans de l'eau contenant dix pour cent, environ, de son poids d'acide sulfurique. Le vase poreux est rempli d'acide nitrique, à 36 ou 40 degrés Baumé, qui constitue le dépolarisant. L'hydrogène, dégagé par la réaction du zinc sur l'eau acidulée, traverse la cloison poreuse et réduit l'acide nitrique, en produisant de l'eau, du bioxyde d'azote et de l'acide hypoazotique.

Dans un but d'économie, on substitue parfois, à l'acide nitrique, un mélange contenant 5 parties d'acide sulfurique pour 2 parties seulement d'acide nitrique.

L'élément Bunsen est beaucoup plus énergique que ceux au sulfate de cuivre : sa force électromotrice atteint presque 2 volts. Mais il présente un inconvénient grave résultant des vapeurs nitreuses, suffocantes et délétères, qui se dégagent avec assez d'abondance pour rendre l'emploi de cette pile impossible dans les appartements et nécessiter son installation dans des caves bien ventilées.

*
* *

Les *piles au bichromate de potasse* sont de deux sortes. Celles qui comportent deux liquides différents séparés par une cloison poreuse sont identiques, comme forme, à la précédente et n'en diffèrent que par la substitution d'un mélange d'acide sulfurique et de bichromate de potasse à l'acide nitrique contenu dans le vase poreux. Ce mélange donne naissance à de l'acide chromique qui sert de dépolarisant.

Les autres piles au bichromate, plus généralement employées, fonctionnent sans vase poreux. Le zinc et le charbon sont plongés dans le même liquide, ainsi constitué :

Eau	100 parties en poids.
Bichromate de potasse..	16 —
Acide sulfurique à 66°..	37 —

L'hydrogène, produit par l'action de l'eau acidulée sur le zinc, réagit sur l'acide chromique, qu'il réduit à l'état d'oxyde de chrome. On a soin de donner au charbon une surface aussi grande que possible, pour diminuer encore la polarisation.

Cet élément ne présente au circuit intérieur qu'une faible résistance et sa force électromotrice dépasse 2 volts, dans les premiers instants. La pile au bichromate est donc plus puissante encore que celle de Bunsen et ne répand ni odeur ni vapeur nuisible. Mais, en revanche, le liquide employé est beaucoup plus coûteux et la tension constatée au début baisse rapidement, par suite d'une dépolarisation incomplète.

La pile au bichromate est fréquemment employée pour l'éclairage électrique, en raison de sa grande énergie et malgré le prix élevé des matières consommées. Elle a été, en ces dernières années, considérablement perfectionnée. Il faut citer, notamment, les dispositions imaginées par M. Morisot et par le commandant Renard.

L'*élément Morisot* est très constant et fournit un courant intense. Le pôle positif est une lame de charbon de cornue plongée, dans le vase extérieur, au milieu du liquide dépolarisant. Celui-ci se compose d'un volume d'acide sulfurique mêlé à trois volumes d'eau qu'on a préalablement saturée à froid de bichromate de potasse. Des cristaux de ce sel, maintenus par un entonnoir dans la partie supérieure du liquide, entretiennent la saturation. Un premier diaphragme en terre poreuse, immergé dans le liquide dépolarisant, contient une dissolution étendue de soude caustique.

La lame de zinc amalgamé, qui est le pôle négatif, plonge, au milieu d'un second diaphragme intérieur au premier, dans une solution concentrée de soude caustique.

La force électromotrice, de 2, 5 volts au début, se maintient au-dessus de 2 v, 4 pendant plus de dix heures d'action ininterrompue. La résistance est de 0, 8 ohm environ ; elle varie avec l'épaisseur et la structure des diaphragmes.

La *pile Renard* a servi aux expériences d'aérostation militaire de Meudon ; mais, quoique construite spécialement en vue d'actionner l'hélice d'un ballon dirigeable, elle convient admirablement — question de prix mise à part — lorsqu'il s'agit d'alimenter quelques lampes à incandescence de faible intensité ou de faire marcher de petits moteurs domestiques.

Le récipient, de forme tubulaire, en verre ou en ébonite, ne contient qu'un seul liquide, composé d'acide chlorhydrique et d'acide chromique mélangés à équivalents égaux. Ce liquide chlorochromique fournit, toutes choses égales d'ailleurs, cinq ou six fois plus d'électricité que la combinaison d'eau acidulée et de bichromate de potasse dont on a vu plus haut la formule. L'électrode négative est un crayon de zinc. Le courant produit est si intense qu'on ne peut employer, comme électrode positive, le charbon, en raison de sa médiocre conductibilité : on fait usage de lames d'argent platinées. L'épaisseur totale de l'électrode ainsi obtenue est de 0,1 millimètre. L'épaisseur du platine, sur chaque face, n'est que de 0.0025 millimètre. A conductibilité égale, le charbon de cornue serait à peu près deux mille cinq cents fois plus épais et deux cents fois plus lourd.

⁎

Toutes les piles que nous venons de passer en revue ont un défaut commun. Les réactions chimiques s'y produisent même à circuit ouvert, occasionnant une dépense inutile par l'usure continuelle du zinc et des liquides. Leur emploi est donc très onéreux dans les cas où l'on n'a besoin que d'un courant intermittent et où l'on n'utilise la pile qu'à de rares intervalles, pour actionner, par exemple, une sonnerie, un avertisseur, ou un téléphone.

Les piles que nous' allons maintenant décrire sont exemptes de cet inconvénient. Ce sont les *piles à oxydes*.

Pile Leclanché. — Le zinc formant le pôle négatif plonge dans une dissolution de chlorhydrate d'ammoniaque. Le pôle positif est constitué par une plaque de charbon entourée de peroxyde de manganèse qui sert de dépolarisant en cédant une partie de son oxygène à l'hydrogène résultant de l'action électrochimique.

La figure 11 reproduit le modèle primitif, encore employé de nos jours. Le peroxyde est mélangé avec de petits fragments de charbon et tassé dans un vase poreux. Le vase extérieur, en verre, est carré ; cette forme est la plus avantageuse, car elle donne au récipient une grande capacité avec le minimum d'encombrement et, lorsque plusieurs éléments sont disposés dans une boîte, il n'y a point de place perdue. A la partie supérieure, un goulot ou étranglement, à peu près du même diamètre que le vase poreux, diminue l'évaporation du liquide. Un bec est ménagé dans cet étranglement et sert à introduire le zinc, qui a la forme d'un crayon d'un centimètre de diamètre. Ce bec est commode aussi pour vider le récipient. Dans le but d'éviter la sortie des cristaux grimpants de sel ammoniac, l'élément

n'est rempli que jusqu'aux deux tiers environ de sa hauteur
et le goulot est enduit d'une couche de paraffine.

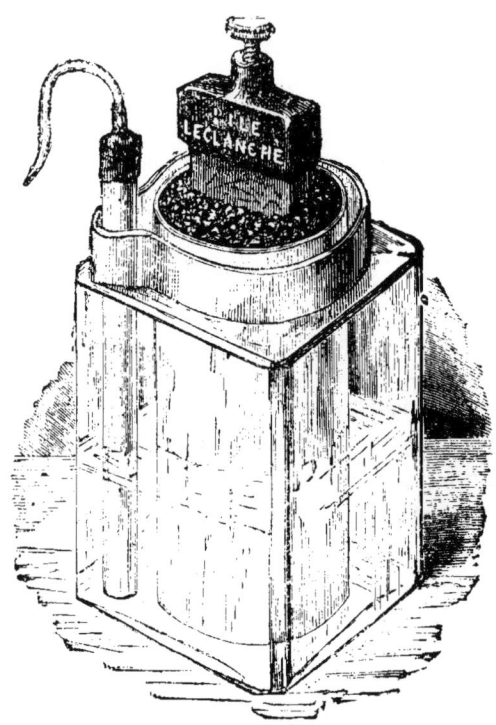

Fig. 11. — Elément Leclanché à vase poreux.

La force électromotrice de cet élément est, à très peu
près, d'un volt et demi.

Son principal avantage résulte de l'absence complète
d'action chimique tant que le circuit est ouvert. Il n'y a
donc aucune dépense lorsqu'on n'utilise pas la pile et, si
celle-ci ne sert qu'à de rares intervalles, elle pourra fonc-

tionner pendant des années, sans qu'on ait d'autres soins à
lui donner que d'ajouter de l'eau, quand l'évaporation aura
fait baisser le niveau du liquide.

La pile Leclanché ne contient aucune substance véné-
neuse ; elle ne répand point d'odeur appréciable et ne dégage pas de vapeurs nuisibles. Elle résiste à des froids très
intenses — plus de quinze degrés au-dessous de zéro —
sans geler et sans cesser de produire du courant, alors
qu'une température de — 5° suffit pour congeler une solution saturée de sulfate de cuivre et empêcher un élément
Daniell de fonctionner.

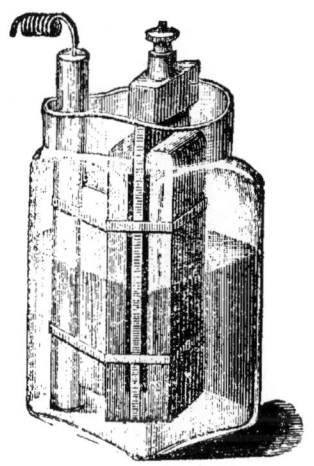

Fig. 12. — Elément Leclanché à agglomérés.

Enfin, la pile Leclanché n'exige aucun montage compliqué ; n'importe qui peut la mettre en état de marcher :
chaque élément complet est vendu avec la quantité de sel
ammoniac nécessaire et il suffit d'y verser de l'eau jusqu'à
la hauteur voulue.

C'est pourquoi cette pile est aujourd'hui universellement employée dans les appartements, pour donner le courant nécessaire aux sonneries, aux allumoirs, aux téléphones, etc.

Dans certaines applications, où il est nécessaire d'obtenir un courant intense, le modèle que nous venons de décrire présente l'inconvénient d'être un peu trop résistant. On emploie alors le modèle à *agglomérés*, représenté fig. 12. Le vase poreux est remplacé par deux briquettes formées d'un mélange de charbon de cornue pulvérisé, de peroxyde de manganèse en poudre et de gomme laque comprimés à 300 atmosphères et chauffés, en même temps, à 100 degrés. Ces agglomérés sont serrés contre l'électrode en charbon par deux élastiques qui maintiennent, en outre, le crayon de zinc. Un morceau de bois empêche le contact direct du zinc avec les agglomérés. La forme du vase et la composition du liquide ne sont pas modifiées.

Fig. 13. — Élément Leclanché-Barbier.

L'*élément Leclanché-Barbier*, (fig. 13) est complètement fermé, de façon à supprimer l'évaporation du liquide. Le pôle positif et le dépolarisant sont constitués par un cylindre creux aggloméré de manganèse et de plombagine terminé, à sa partie supérieure, par une bague en plomb munie d'une borne de prise de courant. Le crayon de zinc est placé à l'intérieur du cylindre. Le liquide est une solution concentrée de chlorure d'ammonium.

* *

Pile de Lalande. — Le dépolarisant est ici de l'oxyde de cuivre et le zinc baigne dans une solution de potasse caustique à 30 ou 40 pour cent. Tant que le circuit est ouvert, aucune réaction ne se produit et la pile ne dépense rien. Aussitôt le circuit fermé, le zinc est attaqué et l'eau décomposée ; un zincate alcalin se produit et l'hydrogène dégagé réduit l'oxyde de cuivre en se combinant avec l'oxygène pour reformer de l'eau.

Diverses dispositions ont été données à cet élément. La figure 14 en montre un des modèles les plus récents.

Au centre du vase A est un aggloméré d'oxyde de cuivre D communiquant, par la tige E, avec la borne K. Le zinc Z, de forme cylindrique, est maintenu à une certaine distance du fond du récipient au moyen d'un crochet B soudé à la lame C qui conduit le courant à la borne H. Des isolateurs en porcelaine, II, suspendus à un plateau R, empêchent les deux électrodes de se toucher.

La pile de Lalande fournit un débit constant, oppose peu de résistance au passage du courant et ne consomme rien, tant que le circuit n'est pas fermé. Elle ne répand point d'émanation nuisible, mais elle contient un liquide très caustique pouvant, si le verre vient à se briser, occasionner

des dégâts et des accidents. Sa force électromotrice est peu
élevée et varie entre 0, 8 et 0, 9 volt.

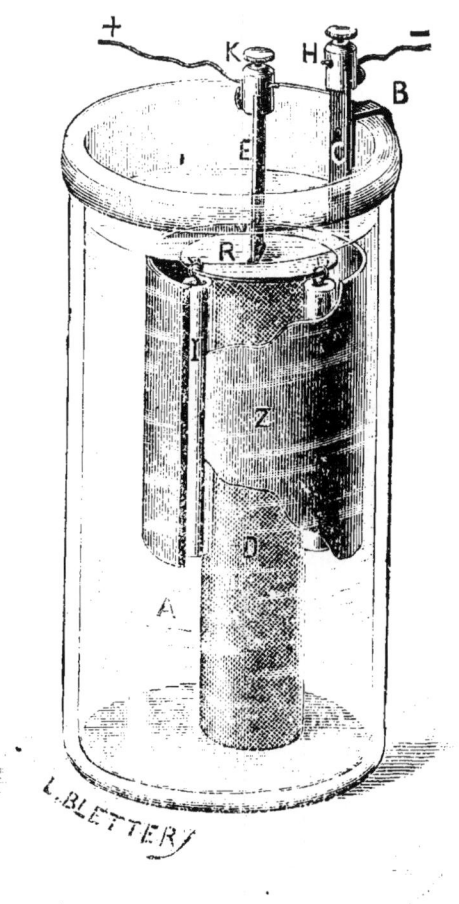

Fig. 14. — Élément de Lalande.

II — Machines d'induction.

Les générateurs électriques dont il est ici question utilisent l'action des aimants et des solénoïdes sur les circuits fermés. L'usage s'est établi de les désigner communément sous nom de *dynamos* (1).

La nature du courant produit les divise en deux catégories :

1º Machines à *courant continu*, dont les pôles conservent toujours les mêmes signes, comme ceux des piles, de telle sorte que, aussitôt le circuit fermé, un courant ininterrompu parcourt le conducteur, toujours dans le même sens ;

2º Machines à *courants alternatifs* dans lesquelles le sens du courant est inversé plusieurs fois par seconde, chacun des pôles étant successivement positif et négatif. Chaque changement de polarité constitue une *alternance*.

Toutes ces machines, de l'une ou l'autre catégorie, comportent :

Un *inducteur*, destiné à produire un champ magnétique ; — un *induit*, formé de bobines dans lesquelles se produit le courant, lorsqu'on le fait tourner dans le champ magnétique ; — enfin, un *collecteur*, auquel viennent aboutir les fils de toutes les bobines et qui recueille le courant induit.

Examinons d'abord les dynamos à courant continu.

L'induit de ces machines, quelle qu'en soit la forme, est

(1) *Dynamo* : abréviation de *machine dynamo-électrique*, c'est-à-dire générateur transformant la force (δύναμις) en électricité.

toujours fondé sur le principe de l'*anneau de Gramme*, qu'il nous faut expliquer en quelques mots.

Dès 1860, un étudiant italien, Pacinotti, en avait réalisé le principe, mais son invention était restée inconnue et sans application. Gramme retrouva, plus tard, le même principe et eut le mérite de l'appliquer à la construction d'une véritable machine industrielle.

La figure 15 permet de comprendre le fonctionnement de cet organe.

Entre les pôles d'un aimant N S peut tourner un anneau,

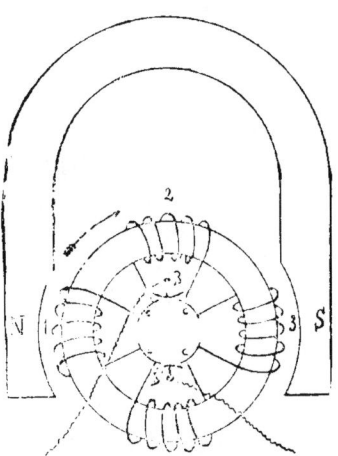

Fig. 15. — Principe de l'anneau de Gramme.

en fer doux autour duquel est enroulé un fil de cuivre recouvert d'une matière isolante (soie ou gomme-laque). Ce fil est disposé de façon à former un certain nombre de bobines : pour plus de clarté, notre dessin n'en montre que quatre. L'arbre de rotation porte autant de lames de

cuivre C qu'il y a de bobines ; ces lames ou *touches* constituent le collecteur ; elles sont isolées les unes des autres,
mais reliées aux bobines de la façon suivante :

Le commencement du fil de la bobine 2 est soudé à la
même touche que la fin de la bobine 1. Sont également
réunis sur une même lame : la fin de la bobine 2 et le
commencement de la bobine 3, et ainsi de suite.

Deux *balais* BB, formés de conducteurs élastiques, s'appuient contre le collecteur et constituent les pôles du générateur.

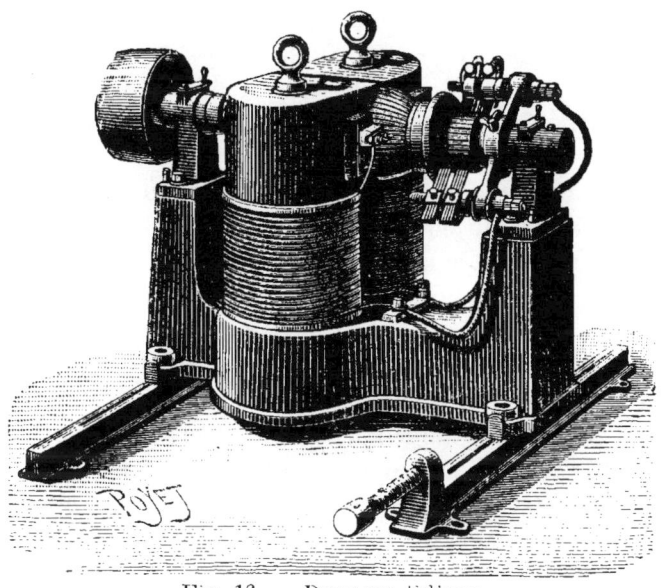

Fig. 16. — Dynamo Edison.

Faisons tourner l'induit dans le sens de la flèche. La
bobine 1 s'éloignant du pôle N et s'approchant du pôle S,
un courant induit se produit, qui est recueilli par le balai

3

B. Une fois le pôle S dépassé, le courant développé dans la bobine change de sens, mais à ce moment la touche du collecteur correspondant à cette bobine vient en contact avec le balai opposé, de telle sorte que la direction du circuit extérieur n'est pas modifiée. Une action identique se produit dans les autres bobines qui, réunies en série par l'intermédiaire des lames du collecteur, forment un circuit intérieur fermé et donnent lieu à la production d'un courant ininterrompu et toujours de même sens.

En réalité, le champ magnétique n'est presque jamais constitué par un aimant permanent et l'on fait à peu près uniquement usage d'un ou de plusieurs électro-aimants (fig. 16) dont les bobines sont reliées aux balais, soit en dérivation, soit en série, selon l'effet à obtenir, le mode de réglage adopté et la façon dont les appareils d'utilisation sont groupés.

Comment un tel inducteur peut-il agir au moment où l'on met la dynamo en marche ?

Le fer qui forme le noyau des électro-aimants n'est jamais complètement pur et conserve toujours un *magnétisme rémanent*, souvent très faible, mais qui suffit pourtant à amorcer la machine. Le moindre courant ainsi obtenu, passant dans l'électro-aimant, en augmente le magnétisme, de telle sorte que l'induction s'accroît progressivement et fait monter, en même temps, la force électromotrice. Pour régler cette dernière, il suffit d'intercaler, dans le circuit de l'inducteur, une résistance dont on peut modifier à volonté l'étendue, en agissant sur une manivelle (fig. 17) et que l'on nomme un *rhéostat*.

L'anneau qui vient d'être décrit est souvent remplacé par un cylindre de fer doux, qui peut être formé de plusieurs rondelles minces, ou bien de fils de fer, pour dimi-

nuer le plus possible le magnétisme rémanent, car chaque
point de l'induit doit changer deux fois de polarité à chaque tour de l'arbre qui le porte.

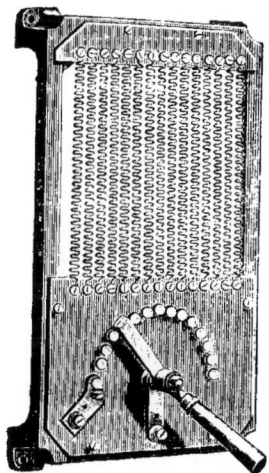

Fig. 17. — Rhéostat.

Quelle que soit la forme donnée à l'induit, l'enroulement
imaginé par Gramme présente un inconvénient. Toute la
moitié intérieure des bobines, c'est-à-dire la portion du fil
disposée entre l'armature en fer doux et l'axe, ne concourt
guère à la production du courant et introduit dans le circuit une résistance nuisible. La perte qui peut en résulter
est évitée avec l'enroulement Siemens : Le fil y est, en effet,
enroulé dans le sens longitudinal et seulement sur la partie
extérieure du cylindre qui constitue la carcasse de l'induit.
Il n'y a que les portions de fil croisées sur les bases du
cylindre qui soient encore sans effet utile.

La disposition des inducteurs et le nombre de leurs
bobines peuvent être variés à l'infini.

Le principe des dynamos à courants alternatifs est indiqué fig. 18,

Si l'on fait tourner, en face d'une bobine B, un aimant N S, chaque fois que l'un des pôles magnétiques s'approchera de l'axe du solénoïde, un courant induit instantané se produira ; lorsque le pôle, continuant à se déplacer dans le même sens, s'éloignera de la bobine, un nouveau courant naîtra, en sens inverse du premier. Le pôle opposé agira d'une façon analogue, mais l'ordre des deux polarités successives sera interverti.

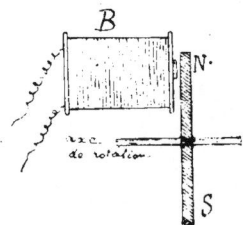

Fig. 18. — Principe des dynamos à courants alternatifs.

Ici, encore, l'inducteur est ordinairement constitué, non par un aimant, mais par une série de bobines. Toutefois, ces inducteurs ont besoin d'être aimantés par le courant d'une petite dynamo indépendante, à courant continu et que l'on appelle l'*excitatrice*. Il existe cependant des machines à courants alternatifs qui sont auto-excitatrices : l'inducteur reçoit, dans ce cas, une dérivation du courant induit, préalablement redressé par un commutateur spécial.

Il est rare que des dynamos soient installées à domicile ; ces machines servent surtout à produire le courant distribué aux abonnés par les stations centrales. Néanmoins, à défaut de ces dernières, on a dû établir un certain nombre d'installations privées, surtout dans les campagnes, et c'est pourquoi nous avons fait figurer ici les dispositions géné - ralement adoptées en pareil cas.

Fig. 19. — Dynamo actionnée par un moteur à gaz ou à pétrole.

La dynamo reçoit l'énergie d'un moteur quelconque (hydraulique, à vapeur ou à gaz), soit par l'intermédiaire d'une courroie de transmission, soit à l'aide d'un accouple - ment élastique direct.

Le courant produit est dirigé d'abord sur le *tableau de distribution*. On appelle ainsi un panneau en bois, en ardoise ou en marbre, sur lequel sont réunis les divers appareils de réglage, de mesure et de sécurité.

Le croquis ci-joint (fig. 21) en montre la disposition la plus simple.

R est le rhéostat dont la manivelle permet d'introduire, dans le circuit d'excitation des inducteurs, une résistance plus ou moins grande, suivant l'énergie à obtenir. En

manœuvrant l'interrupteur général I, on lance le **courant**
dans la ligne ; d'autres interrupteurs peuvent **commander**
divers circuits secondaires. Deux instruments de mesure,
A et V (ampèremètre et voltmètre), indiquent le débit et la
tension.

Fig. 20. — Dynamo Pieper accouplée à une machine à vapeur
Willans (on aperçoit, à gauche, le tableau de distribution).

C et C' sont les *coupe-circuits* de sùreté. Si les fils **conduc-**
teurs venaient à être accidentellement réunis, de **façon à**
produire un *court-circuit*, c'est-à-dire un circuit de **résis-**
tance presque nulle, un courant de très **grande intensité**

s'établirait, qui pourrait échauffer les conducteurs, les
fondre en partie et occasionner de sérieux dégâts. Pour
éviter cet accident, on intercale dans la ligne un ou plusieurs

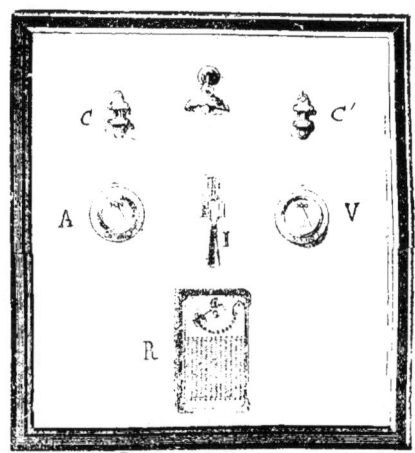

Fig. 21. — Tableau de distribution.

fils de plomb ou d'alliage facilement fusible. Dès lors, toute
augmentation anormale du débit échauffe et fond ce coupe-

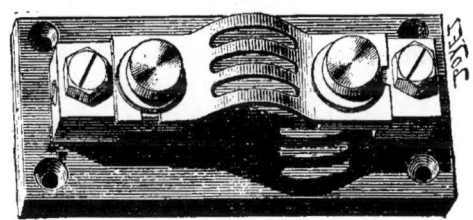

Fig. 22. — Coupe-circuit.

circuit qui, comme son nom l'indique, interrompt la circulation du courant. .

On a soin d'installer des coupe-circuits, non seulement sur le tableau de distribution, mais aussi à chacune des ramifications des conducteurs.

III. — Accumulateurs.

C'est le phénomène de la polarisation, dont il a déjà été question à propos des piles, qui permet de conserver l'énergie électrique et d'en faire, en quelque sorte, provision, pour la dépenser plus tard et en temps opportun.

Si l'on plonge dans de l'eau acidulée deux plaques de plomb reliées aux bornes d'une source électrique — pile ou dynamo à courant continu — l'eau est décomposée : sur l'anode, se fixe l'oxygène qui forme, par combinaison chimique, du peroxyde de plomb, tandis que l'hydrogène se porte sur la cathode, en réduisant les oxydes qui pourraient s'y trouver.

Les deux gaz ainsi dégagés sont soumis à une force de polarisation qui tend à les recombiner, en donnant naissance à un nouveau courant, de sens contraire au premier. Ce courant secondaire se manifeste aussitôt que les deux électrodes sont reliées entre elles par un fil conducteur. Une action chimique inverse se produit alors : le plomb peroxydé passe à un degré moindre d'oxydation, pendant que le plomb réduit s'oxyde partiellement.

Le peroxyde de plomb et le plomb réduit se nomment les *matières actives*, par opposition aux supports de ces matières, qui servent uniquement à leur amener le courant.

La période pendant laquelle s'exerce l'action du courant primaire constitue la *charge* de l'accumulateur. La *décharge*

est l'utilisation du courant secondaire résultant de la polarisation.

Cet exposé sommaire suffit pour montrer qu'en réalité
l'accumulateur électrique emmagasine, non pas de l'électricité, mais bien de *l'énergie d'affinité chimique*, qui est
ensuite restituée sous forme d'énergie électrique. Le nom
de *pile secondaire* serait donc plus exact, mais celui d'accumulateur a prévalu et nous conserverons cette dénomina-
tion consacrée par l'usage.

La *capacité* d'un accumulateur est le nombre de coulombs
qu'il peut fournir. Pour obtenir une capacité suffisante
sans trop augmenter les dimensions et le poids des plaques
de plomb, il est nécessaire de *former* l'accumulateur, avant
de le livrer au commerce. Dans ce but, on a soin de lui
faire subir une série de charges et de décharges.

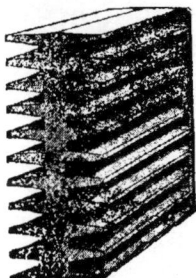

Fig. 23. — Coupe d'une plaque d'accumulateur.

Les électrodes des premiers accumulateurs étaient constituées uniquement par du plomb métallique. La matière
active était ainsi empruntée tout entière au métal de ces
plaques, et la formation en était longue et coûteuse. Ce procédé donnait, il est vrai, d'excellents résultats, et la
matière active obtenue de la sorte conservait longtemps
son adhérence.

Les constructeurs actuels préfèrent la formation artificielle, qui consiste à appliquer, sur les électrodes, des oxydes de plomb tout formés. Pour mieux retenir ces oxydes,
et aussi dans le but d'augmenter les surfaces utiles, les
plaques portent des rainures ou des alvéoles. La forme de
ces cavités, ainsi que la nature des oxydes employés,
varient avec les divers fabricants.

Une batterie d'accumulateurs se compose d'un certain
nombre d'éléments, constitués chacun de la façon suivante :
Dans un bac en verre (1) contenant une solution d'acide
sulfurique à 20 degrés Baumé, sont disposées plusieurs
paires d'électrodes, séparées les unes des autres par des
tubes de verre ou par des isolateurs en porcelaine. Deux
barres métalliques, reliées, l'une à toutes les anodes et l'autre à toutes les cathodes, constituent les collecteurs-pôles.

La capacité d'un accumulateur dépend de la surface des
électrodes contenues dans l'élément. On compte généralement six ampères-heures par kilogramme de plaques.

La force électromotrice d'un élément atteint deux volts
et demi, lorsque la charge est complète. Cette tension baisse
progressivement pendant la décharge : il faut avoir soin de
ne pas la laisser descendre au-dessous de 1, 75 volt, sans
quoi la recharge serait très longue et exigerait une quantité
de courant beaucoup plus grande que d'habitude.

Les éléments sont d'ordinaire groupés en série et leur
nombre dépend du voltage que l'on veut atteindre. Leurs
dimensions varient suivant le débit à fournir.

La figure 24 met sous les yeux du lecteur l'installation
d'une batterie.

---

(1) Dans les éléments de grandes dimensions, le bac est en bois
imprégné, doublé de plomb.

Fig. 24. — Installation d'une batterie d'accumulateurs.

**

L'accumulateur est loin de restituer, pendant la décharge, la quantité intégrale d'énergie électrique dépensée pour le charger : son rendement atteint à peine soixante à soixante-cinq pour cent. Encore faut-il, pour obtenir ce résultat, que la décharge s'effectue lentement, le débit ne dépassant pas un ampère par kilogramme de plaques. Si le débit augmente, le rendement diminue. Un court circuit amène la déformation des électrodes et peut mettre hors d'usage plusieurs éléments et même la batterie tout entière.

Malgré ces inconvénients et ceux qui résultent de l'entre-tien minutieux des plaques et de l'électrolyte, l'emploi de l'accumulateur s'impose dans le cas où le générateur électrique ne peut pas toujours fonctionner aux heures où le courant est nécessaire, ou bien lorsque ce générateur est insuffisant pour donner à tout instant le maximum d'énergie dont on peut avoir besoin. Si, par exemple, la dynamo est actionnée par une petite chute hydraulique ou par un moulin à vent, il est bon d'avoir une réserve d'électricité, en cas de défaillance du moteur.

L'accumulateur constitue, en outre, un excellent régula-teur de tension qu'il ne faut pas négliger d'utiliser, lors-qu'on fait usage de moteurs à mouvement irrégulier, tels que ceux à gaz ou au pétrole : absorbant du courant lors-que la tension monte, il en fournit aussitôt qu'elle baisse et agit, en somme, comme un véritable volant.

Dans les villes où ne sont pas encore installées des stations centrales distribuant partout l'énergie électrique, diverses sociétés se sont fondées pour porter à domicile des accu-mulateurs tout chargés, en vue d'un éclairage momentané ou même permanent. Il faut convenir, cependant, que ce mode de distribution n'est qu'un pis aller, car il est incommode et nécessairement onéreux pour celui qui en use, sans être suffisamment rémunérateur pour l'industriel qui a cette entreprise.

CHAPITRE III

L'ÉCLAIRAGE

S'il est vrai, comme l'enseignent les économistes, qu'on peut mesurer le degré de civilisation d'un peuple à la façon dont il s'éclaire, il faut reconnaitre que nous avons singulièrement progressé depuis un siècle, car des sources lumineuses, incomparablement supérieures aux lumignons fumeux du bon vieux temps, se disputent aujourd'hui notre préférence. Avec la lampe Carcel, avec le gaz de houille, le pétrole, les bougies stéariques, la lumière Drummond, le magnésium, le bec Auer et l'acétylène, l'art de l'éclairage s'est rapidement transformé.

Mais, quels que soient les avantages de ces nouveaux luminaires, la lampe électrique mérite d'être mise hors de pair. Dans les usages domestiques, notamment, il est facile d'établir qu'aux points de vue de la commodité, de la propreté, de l'hygiène et de la sécurité, rien ne saurait lui être comparé.

Pour mettre en évidence cette supériorité sur les illuminants rivaux, il est indispensable d'entrer, au préalable, dans quelques détails sur le principe de ce mode d'éclairage. Nous verrons ensuite de quelle façon il doit être installé dans la maison et comment doivent être disposés les appareils qui le concernent.

La lumière électrique peut se manifester de deux façons : la lampe à *arc* et la lampe *à incandescence* ne se distinguent pas seulement l'une de l'autre par leur intensité lumineuse ; elles diffèrent encore par le principe même de leur pouvoir éclairant et par leur mode de fonctionnement.

La lampe à incandescence, en raison de son intensité modérée, qui permet de diviser la lumière et de la distribuer dans les pièces les plus exiguës, en raison aussi de ses avantages particuliers — nous les énumérons plus loin, — est réellement le luminaire domestique par excellence.

L'arc, au contraire, possède un éclat sans égal qui le désigne tout naturellement pour l'éclairage des grands espaces, des rues, des immenses magasins modernes, des salles de spectacles. Son emploi dans la maison est donc presque exceptionnel et, si nous en parlons ici, c'est qu'on l'utilise parfois pour illuminer une serre, un hall, un jardin, à l'occasion d'un bal ou d'une solennité quelconque.

I. — Lampes à arc.

Si l'on relie deux crayons en charbon de cornue aux deux pôles d'une source électrique possédant une force électomotrice d'environ quarante volts, on pourra les rapprocher l'un de l'autre sans qu'aucun phénomène se manifeste, tant qu'il n'y aura pas eu contact. Mais si, les charbons s'étant touchés de façon à fermer le circuit, on les écarte

ensuite d'un ou deux millimètres, une lueur éblouissante
se produit, d'une blancheur éclatante et légèrement violacée
contrastant avec la couleur jaunâtre des autres sources
de lumière artificielle.

Examinons de plus près ce qui ce passe alors.

On ne peut songer à regarder l'arc à l'œil nu. Pour éviter
des ophtalmies dangereuses, il est indispensable de porter
des conserves très foncées ou, mieux encore, de projeter
au moyen d'une sorte de lanterne magique, l'image des
charbons sur un écran blanc. On remarque alors que des
globules liquéfiés gg' (fig. 25) circulent d'un crayon à l'autre
et y forment des granulations caractéristiques. En même
temps, le crayon relié au pôle positif se creuse en forme
de cratère et s'use deux fois plus vite que le crayon négatif ;
ce dernier reste pointu. Il n'en est cependant ainsi que
lorsque les deux crayons ont le même diamètre et reçoivent un courant continu : soumis à des courants alternatifs,
ils s'usent tous deux en pointes et aussi rapidement l'un que
l'autre.

L'arc lui-même est beaucoup moins lumineux que les
pointes de charbon. La lumière est plus vive sur la pointe
positive et plus étendue que sur la pointe négative.

Une chaleur énorme se dégage, assez élevée pour fondre
et volatiliser les métaux les plus réfractaires. La température
de l'arc est évaluée à plus de quatre mille degrés, et ce
détail explique comment les électriciens peuvent être frap-
pés d'insolation électrique.

Quelle est la cause de la lumière ainsi obtenue ? On l'attribue à des particules extrêmement légères de carbone —
poussière ou vapeur — transportées du pôle positif au pôle
négatif. Ce n'est pas la combustion du charbon dans l'atmosphère qui donne naissance à la lumière, car l'arc se

produit aussi dans le vide, mais plutôt l'échauffement considérable résultant du passage de l'électricité dans un milieu
très résistant.

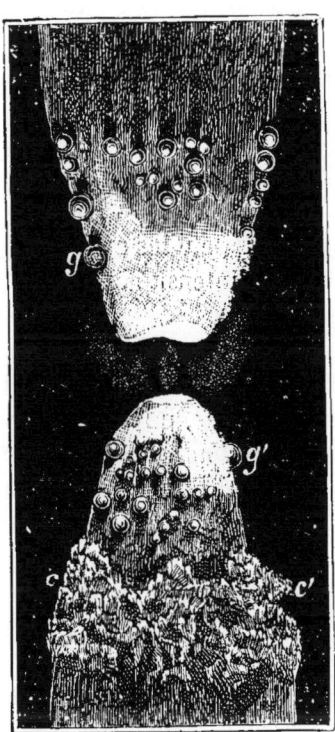

Fig. 25. — Arc voltaïque.

Les charbons s'usant continuellement, il faut les rapprocher peu à peu, car, à mesure que leur écartement augmente, le nombre de volts nécessaires s'accroît et un
moment vient où il est impossible de maintenir l'arc, qui
s'éteint. Pour n'avoir pas à effectuer à la main ce rappro-

4

chement progressif, on a créé des *régulateurs*. Le but de ces
appareils est de réaliser automatiquement les mouvements
suivants :

1° Au moment où on lance le courant, faire venir les
charbons en contact ;

2° Aussitôt ce contact produit, écarter les charbons de
façon telle que le nombre d'ampères traversant le circuit
ainsi que le nombre de volts aux bornes de la lampe soient
exactement ceux qu'un réglage préalable aura déterminés ;

3° Rapprocher peu à peu les crayons, à mesure qu'ils
s'usent, de sorte que l'intensité et le voltage restent toujours les mêmes.

Une incroyable quantité de régulateurs ont été construits
depuis vingt ans L'imagination des inventeurs a combiné une
telle variété de mécanismes, qu'il faudrait renoncer à les
étudier tous, même dans un volumineux ouvrage uniquement consacré a cet objet. Chacun des systèmes préconisés
est, bien entendu, absolument parfait, au dire de son
constructeur. En réalité, il n'existe encore aucun régulateur
sans défauts.

Nous décrirons seulement les types les plus répandus
aujourd'hui.

La *lampe Brianne* (fig. 26) a pour organe essentiel une
solénoïde en fil fin S en dérivation sur les bornes de l'appareil. L'armature A est montée solidairement avec un râteau
R qui constitue une portion de pignon denté. Ce râteau
commande par engrenage un volant ayant même axe que
le pignon P qui engrène avec une crémaillère C. supportant le charbon supérieur.

Au passage du courant, les charbons étant écartés, le
solénoïde attire son armature et le râteau abandonne le

volant qui, entrainé par le poids de la crémaillère, tourne
jusqu'à ce que les charbons se touchent. A ce moment, le
courant passe par les charbons, qui offrent beaucoup moins
de résistance que le fil fin du solénoïde, et l'armature de

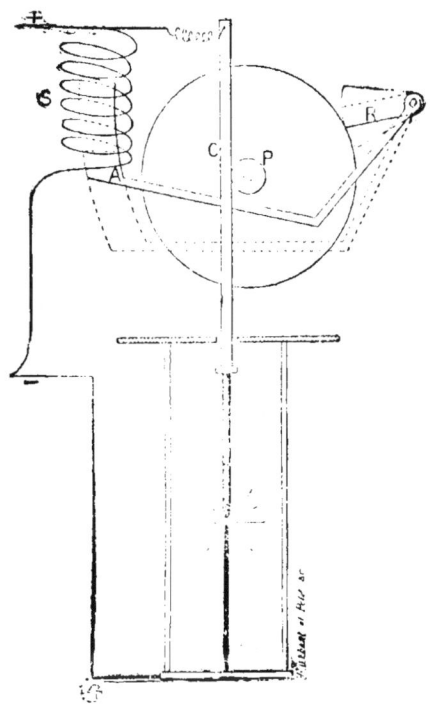

Fig. 26. — Régulateur Brianne.

ce dernier, n'étant plus attirée, retombe, entrainée par son
poids. Le râteau engrène avec le volant, et le charbon supérieur est relevé très vivement, ce qui produit un allumage
instantané.

A mesure que s'usent les charbons, l'arc s'allonge et sa

résistance augmente ; le solénoïde reçoit alors un **courant**
suffisant pour **soulever** doucement l'armature jusqu'au

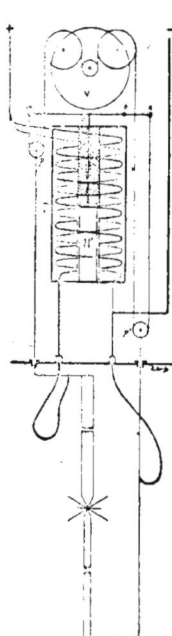

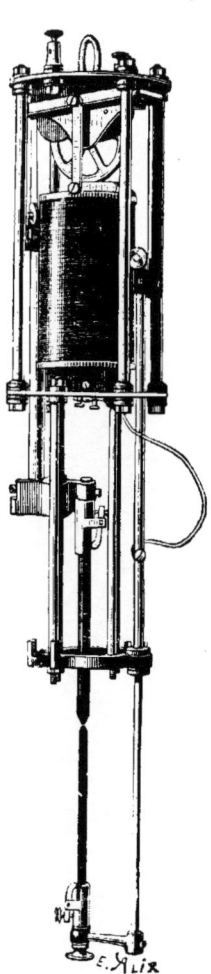

Fig. 27.   Fig. 28.
Principe du régulateur Bardon.   Régulateur Bardon.

point où la dernière dent du râteau cesse d'engrener avec
le volant; celui-ci, rendu libre, tourne et provoque le rap-
prochement des charbons. Grâce à son inertie, le volant n'a
tourné que d'une dent, quand le râteau le ressaisit et, en
raison du rapport des rayons du volant et du pignon, la
descente de la crémaillère s'effectue par dixièmes de mil·
limètre. L'échappement continue selon les besoins et dent
par dent, maintenant l'écart normal entre les charbons.

Dans le *régulateur Bardon*, un gros fil en série et un fil fin
en dérivation sont enroulés tous les deux sur une même
bobine B (fig. 27), mais en sens inverse, de façon à produire des polarités opposées. Le levier *mn*, qui commande
le mouvement des charbons par l'intermédiaire de cordons et de poulies dont il est facile de comprendre le jeu,
est relié au noyau de fer doux N' dont l'attraction vers le
noyau fixe N détermine les diverses phases du réglage.

Au repos, les charbons, sollicités par la masse du porte-
charbon supérieur qui sert de moteur, se rapprochent et
restent en contact. Lorsqu'on ferme le circuit, le noyau N'
est violemment attiré vers le noyau N et le levier *mn* vient,
en se soulevant, caler le volant V. En même temps, le charbon supérieur monte légèrement, pendant que le charbon
inférieur s'abaisse un peu et l'allumage se produit.

Tant que les actions opposées des deux enroulements se
font équilibre, le levier *mn*, buté contre le volant V, l'empêche de tourner et maintient les charbons immobiles.

Lorsque l'action de l'enroulement en dérivation devient
prépondérante, par suite de l'allongement de l'arc et de
l'accroissement de sa résistance, le volant est rendu libre
et les charbons se rapprochent.

La figure 28 montre la disposition du mécanisme et le
dessin suivant représente la lampe complète, dans une

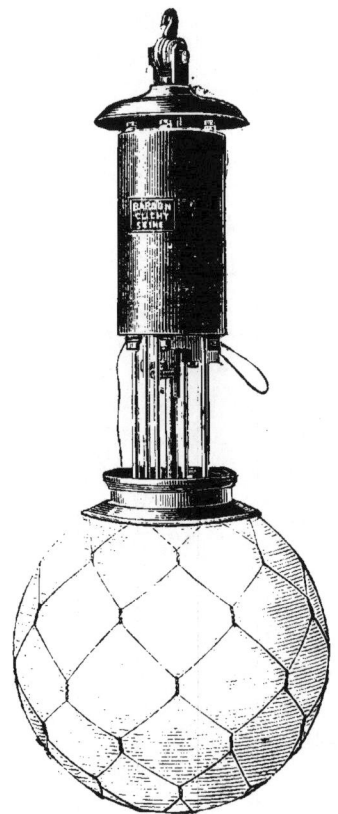

Fig. 29. — Lampe Bardon.

enveloppe étanche. Le globe en verre dépoli, qui diffuse la
lumière, est soutenu par deux tiges mobiles qui permettent

de le descendre pour en nettoyer l'intérieur et pour changer les charbons.

*
* *

Quand on fait usage de courants continus, le charbon
positif, qui s'use deux fois plus vite, doit être deux fois plus
gros que le charbon négatif. Pour rendre l'arc plus fixe,
on emploie des crayons positifs à *âme* (on dit aussi : à *mèche*)
qui sont formés de deux qualités différentes de charbon.
L'enveloppe extérieure est dure et compacte ; la mèche ou
âme est une poudre friable plus facilemenl combustible et
assurant la formation d'un cratère bien accusé, qui maintient l'arc exactement au milieu du charbon et l'empêche
de tourner tout autour, en produisant d'incessantes variations d'éclat. Le charbon positif est placé au-dessus du charbon négatif, de sorte que le cratère renvoie vers le sol,
qui doit être surtout éclairé, la plus grande partie de
la lumière.

Les charbons d'arc sont ordinairement obtenus en
mélangeant 50 parties de coke pur en poudre et 20 parties
de noir de fumée dans 30 parties de sirop de gomme. Ce
mélange est trituré à l'état pâteux et passé ensuite à la
filière sous une pression de 100 atmosphères. Les crayons
sont alors recuits, puis trempés dans du sirop de sucre,
lavés et séchés, après quoi on les recuit à nouveau, pour les
imprégner encore de sirop, etc. — la même série d'opéra-
tions devant être renouvelée plusieurs fois.

*
* *

Un arc normal exige 40 volts environ. Si l'on dépasse
trop cette tension, l'arc s'allonge, devient violet et flambe.
en brûlant rapidement le charbon positif. Les stations cen-

trales distribuant d'ordinaire le courant à 110, volts, il en
résulte qu'il faut grouper les arcs par séries de deux en
tension, avec une résistance additionnelle. Cette disposition
peut être gênante dans bien des cas et, dans les installations
privées dont nous nous occupons, il arrive fréquemment
qu'un arc unique est largement suffisant.

Dans le but d'utiliser le voltage total, et aussi pour diminuer l'usure des charbons, dont la combustion à l'air libre
est assez rapide pour qu'il soit nécessaire de les remplacer
au bout de dix à quinze heures, au plus, d'éclairage, on a
récemment imaginé des lampes à *arc long* brûlant en vase
clos.

La figure 30 représente une lampe de ce genre – la lampe
Marks. Le régulateur, contenu dans un cylindre métallique,
n'a rien de particulier. L'arc se produit au milieu d'un
petit globe en verre réfractaire *c* à fermeture étanche par
en bas et garni à sa partie supérieure d'un tampon métallique empêchant l'air de pénétrer.

L'arc obtenu avec 80 volts a une longueur d'environ huit
millimètres. Le surplus du voltage est absorbé par une
résistance. Les crayons brûlant dans un air saturé d'acide
carbonique et par conséquent peu favorable à la combustion
ne s'usent que de deux ou trois millimètres par heure, au
lieu de sept et même huit centimètres qui seraient brûlés
avec deux arcs en tension à l'air libre. La lampe peut ainsi
fournir cent cinquante heures d'éclairage sans qu'il soit
nécessaire d'y toucher.

Le petit globe réfractaire *c* est enfermé dans un second
globe beaucoup plus grand *b*, donnant une double protection contre les matières inflammables.

L'arc ainsi produit a un aspect tout particulier. Le char-

bon positif est à peine creusé ; le charbon négatif offre une
section plate.

Fig. 30. — Lampe Marks.

Au bout de cent cinquante heures de fonctionnement, le
charbon positif est usé. On le remplace alors par l'ancien
charbon négatif, qui est encore presque entier, et l'on met

un crayon négatif neuf. On ne renouvelle ainsi qu'un seul charbon chaque fois.

A côté de ces avantages, l'arc long présente l'inconvénient d'avoir un rendement lumineux sensiblement inférieur à celui de l'arc ordinaire et de consommer, par conséquent, à lumière égale, une plus grande quantité d'énergie électrique. En outre, des poussières de charbon ne tardent pas à se déposer sur les parois du petit globe et diminuent encore la lumière utilisable.

La lampe à arc constitue de beaucoup la plus puissante source de lumière actuellement connue. Avec dix ou douze ampères, on obtient déjà plus de mille bougies. Le pouvoir éclairant du phare d'Eckmühl dépasse trente millions de bougies. Sa portée lumineuse, supérieure à cent kilomètres par les temps clairs, atteint encore quarante kilomètres avec des brumes très opaques.

Ceci nous remet en mémoire le passage suivant d'une lettre adressée au roi par M. de Sartine, lieutenant général de police et conseiller d'Etat, il y a plus d'un siècle, lorsque Bourgeois de Chateaublanc inventa son reverbère à l'huile : « La lumière qu'il donne, écrivait le conseiller, ne permet pas de penser qu'on puisse jamais rien trouver de mieux. » Or, l'intensité lumineuse de la lampe en question atteignait péniblement douze bougies.

Il. — Lampes à incandescence.

On sait qu'un courant électrique, parcourant un fil conducteur de faible section et suffisamment résistant, peut l'échauffer au point de le rendre incandescent. L'application de ce principe a permis l'introduction, dans nos demeures, d'un mode d'éclairage qui laisse bien loin derrière lui tous ses concurrents, sous bien des rapports.

Les premières lampes à incandescence qui furent construites étaient constituées par un fil de platine très fin. On emploie aujourd'hui un filament de charbon, qui a l'avantage d'être plus résistant, de ne pas entrer en fusion et de posséder, à température égale, un pouvoir rayonnant supérieur à celui du métal.

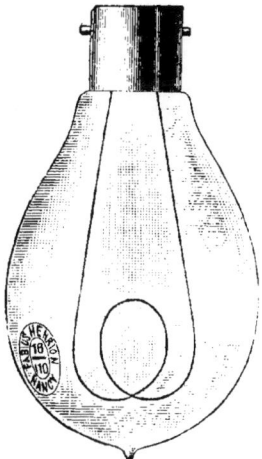

Fig. 31. — Lampe à incandescence

Pour éviter la combustion du charbon au contact de l'air, le filament est placé à l'intérieur d'une ampoule de verre hermétiquement close (fig. 31) dans laquelle le vide a été fait aussi complètement que possible.

La matière première utilisée pour obtenir des fils de carbone varie avec chaque constructeur. Nous citerons, notamment : la fibre de bambou, de bouleau ou de chien-dent, le coton tressé, le carton Bristol découpé, la pâte de bois, la soie, le crin de cheval, le collodion dénitrifié, le sirop de sucre transformé en acide ulmique pâteux par l'huile de vitriol, etc.

Ces filaments, quelle qu'en soit la nature, sont d'abord choisis, comme longueur et comme section, et placés dans des moules en fer. Ces moules sont disposés à l'intérieur d'un four et entourés de charbon pulvérisé. Sous l'action de la chaleur, la matière organique du filament se disso-cie et ne laisse qu'un fil de carbone. Lorsqu'on juge la cuis-son terminée, le four est éteint et les moules se refroidis-sent lentement avant d'être retirés.

Les filaments ainsi obtenus ne présentent pas, sur toute leur longueur, le même diamètre. Ces irrégularités doivent disparaître, car le conducteur, étant plus résistant dans les étranglements que dans les renflements, serait rapidement brisé par le passage du courant. On égalise alors le fil en le *nourrissant*, au moyen d'un dépôt de carbone dont l'épais-seur varie dans les proportions voulues. Pour cela, le fila-ment est plongé dans un bain de pétrole ou enfermé dans une cloche pleine de gaz d'éclairage et parcouru, en même temps, par un courant qui le porte au rouge : sous l'influ-ence de la chaleur, les hydrocarbures se dissocient, dépo-sant une couche de carbone sur le fil, et cela en plus grande abondance sur les points les plus étroits qui, étant plus résistants que les autres, sont aussi plus chauds.

Ainsi consolidé, le filament est relié par ses deux bouts à des fils métalliques et introduit dans l'ampoule. Dans la partie qui traverse le verre, il est indispensable d'employer un métal dont le coefficient de dilatation se rapproche le plus possible de celui de ce corps, sans quoi les retraits successifs résultant des allumages et des extinctions réitérés de la lampe disloqueraient la monture et occasionneraient des rentrées d'air. Le platine convient parfaitement pour cela, mais, en raison de son prix élevé, on est obligé de faire le support en trois parties, dont deux en cuivre, l'une à l'intérieur, soudée au filament, et l'autre à l'extérieur. Le platine occupe le milieu et il est noyé dans l'épaisseur du verre. Le fil de charbon est collé sur le fil de cuivre intérieur au moyen d'un mélange composé de gomme, de charbon et d'oxyde de cuivre. Le chalumeau réduit ce dernier corps et c'est, en définitive, une goutte de cuivre qui produit l'adhérence.

Lorsque l'ampoule a reçu le filament, elle est soumise à l'action d'une pompe pneumatique à mercure qui fait le vide, à un dixième de millimètre de pression. Une fois le vide reconnu suffisant, la lampe passe à *l'étalonnage*. Un photomètre et un voltmètre font connaître sa puissance lumineuse et la tension sous laquelle le pouvoir éclairant normal est atteint. Sur l'ampoule est alors collée une petite étiquette portant deux chiffres, dont l'un indique l'intensité lumineuse en bougies décimales et l'autre, le nombre de volts nécessaires : $\dfrac{16}{110}$ signifie que le pouvoir éclairant est de seize bougies sous une différence de potentiel de 110 volts.

La *consommation spécifique* de la lampe à incandescence ou, en d'autres termes, la quantité d'énergie électrique dépensée pour lui donner son éclat normal, est d'environ trois watts par bougie. Il est possible de réduire cette consommation en *poussant* la lampe, c'est-à-dire en la faisant fonctionner sous un voltage plus élevé que celui pour lequel elle est

construite, de façon à porter le filament au blanc éblouissant. L'économie résultant de cette façon d'opérer n'est
pourtant que relative, car une lampe poussée est rapidement mise hors d'usage par une désagrégation du filament.

La rupture du filament finit, d'ailleurs, toujours par se
produire. Quand la lampe est soumise à son voltage normal, qui donne au fil de charbon une lueur jaune d'or, la
durée est d'environ huit cents heures d'éclairage. Cette
durée est augmentée si l'on fait usage d'une tension plus
basse, produisant une lumière rouge ; elle est diminuée, si
l'on veut obtenir le blanc éblouissant en élevant le voltage.

La quantité de lumière émise augmentant dans des proportions beaucoup plus grandes que la force électromotrice
et, d'autre part, une élévation de tension abrégeant la durée
du filament, il s'agit de savoir si l'économie consiste à pousser les lampes pour économiser du courant ou s'il est préférable d'assurer une longue durée aux lampes, en se con-
tentant de la lumière jaune, sauf à consommer un peu plus
d'énergie électrique.

Il y a quelques années, lorsque les lampes incandescentes se vendaient quatre et même cinq francs, il était indispensable de leur assurer une durée aussi longue que possible, surtout dans les localités où l'électricité, produite
par la force hydraulique, était distribuée à bas prix. Aujour-
d'hui, la solution contraire est généralement adoptée, avec
raison, car le coût de la lampe a pu être abaissé jusqu'à
0 fr. 50, tandis que le tarif de vente du courant est demeuré
sensiblement stationnaire. Il y a donc intérêt, sauf en quelques cas exceptionnels, à pousser légèrement la lampe,
quitte à la remplacer plus souvent, de façon à augmenter
son rendement lumineux en réduisant sa consommation
spécifique.

Quel que soit, d'ailleurs, le voltage appliqué, l'éclat du
filament décroît progressivement, après une durée de fonctionnement plus ou moins longue, et passe successivement
du blanc au jaune et finalement au rouge. En ce dernier
état, la lampe ne donne plus qu'une lumière insuffisante, eu
égard à la quantité d'énergie dépensée. Cette dernière ne
diminue pas dans les mêmes proportions que l'intensité
lumineuse et on a intérêt à changer alors la lampe, même
si l'on n'a besoin que d'une lumière restreinte, car dans
ce cas une ampoule neuve de plus faible intensité est préférable.

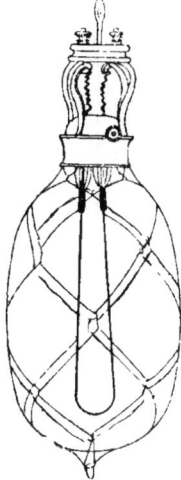

Fig. 32. — Lampe de 500 bougies.

La lampe à l'état rouge a, néanmoins, son utilité, notamment pour le travail de bureau. Une lumière trop vive,
d'un blanc cru ou d'un jaune éclatant, est, en effet, fati-
gante à la longue pour quiconque lit ou écrit, et c'est, sans
doute, à sa lueur rougeâtre que la vieille lampe Carcel doit

sa faveur persistante auprès de tant de vieux lecteurs studieux.

Le pouvoir éclairant des lampes à incandescence les plus répandues est de 5, 10. 16 et 32 bougies. On construit aussi des lampes de haute intensité (500 bougies et même davantage). Ces foyers intenses ont un rendement lumineux supérieur à celui des petites lampes et une durée plus longue. Ils ont. sur la lampe à arc, l'avantage de ne comporter aucun mécanisme susceptible de se dérégler et de ne pas exiger le remplacement périodique des charbons, qui constitue une sujétion quotidienne et un réel inconvénient chez les particuliers. En revanche, quel que soit leur rendement, les lampes à incandescence sont plus dispendieuses, car elles exigent, à lumière égale, un courant environ quatre fois plus intense que les lampes à arc. Au reste, il est généralement préférable, pour éclairer un appartement, de diviser la lumière et d'employer plusieurs foyers lumineux disposés sur des lustres, dans des lanternes, sur des appliques, de façon à répandre la clarté dans tous les recoins. Avec un foyer unique, de grande intensité, on obtient un éclairage excessif au centre de la pièce, tandis que les coins restent dans une sorte de demi-obscurité du plus fâcheux effet et qu'augmentent encore les ombres portées par les meubles, les plantes, les paravents et les statues.

Pour mettre facilement la lampe en communication avec les conducteurs du courant et pour permettre à n'importe qui de pouvoir la remplacer sans perte de temps, lorsque le filament vient à se briser, l'ampoule est scellée à un culot contenant deux pièces métalliques respectivement en communication avec les deux bouts du fil de charbon.

Ce culot vient s'adapter à une douille terminant l'appareil
d'éclairage, applique, lustre, suspension ou torchère. A
l'intérieur de la douille sont deux contacts reliés à la canalisation et s'appliquant exactement contre les deux pièces
métalliques du culot, de façon à assurer la communication
entre le filament et les conducteurs.

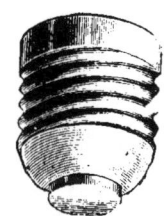

Fig. 33. — Douille Edison.   Fig. 34. — Culot à vis.

Plusieurs modèles de douilles ont été imaginés. Nous
reproduisons ici les deux que l'on emploie d'ordinaire en

Douille à baïonnette.

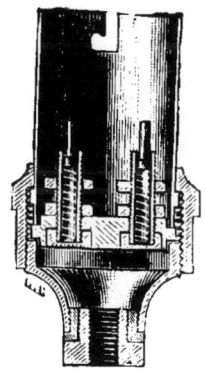

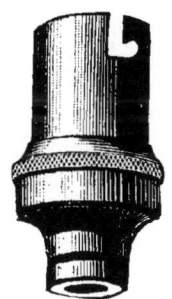

Fig. 35. — Coupe.   Fig. 36. — Vue extérieure.

France. A la douille Edison (fig. 33) s'adapte le culot à vis (fig. 34) dans lequel l'une des extrémités du fil est soudée au filetage extérieur, tandis que l'autre est reliée à une pastille centrale.

La douille à baïonnette contient deux pistons en cuivre montés sur ressorts à boudins et recevant les deux fils conducteurs (fig. 35 et 36). Le culot correspondant (fig. 37) porte, à sa base, deux pièces en cuivre plates en communication

Fig. 37. — Culot à baïonnette.

avec les deux bouts du filament et venant s'adapter aux contacts à ressorts. Ce culot est muni de deux petites goupilles qui s'engagent dans les échancrures à baïonnette de la douille. Avec ce genre de support, il est aussi facile de remplacer une ampoule que de changer le verre d'une lampe à gaz ou à pétrole.

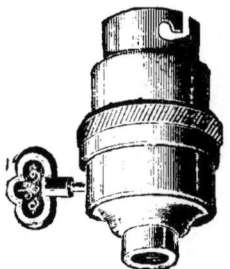

Fig. 38. — Douille à clé.

Pour allumer ou éteindre la lampe, il faut fermer ou ouvrir le circuit, au moyen d'un *interrupteur* ou *clé*.

L'interrupteur peut être placé dans la douille même. La figure 38 représente une douille à clé.

Mais, le plus souvent, l'interrupteur est indépendant de la douille, comme celui que l'on voit figure 39, et fixé contre un mur, généralement à l'entrée de l'appartement, de façon à pouvoir éclairer ce dernier sans tâtonnements, au moment d'y pénétrer ; dans le même but, le socle sur lequel est montée la clé peut être recouvert d'un enduit phosphorescent qui le rend visible dans l'obscurité.

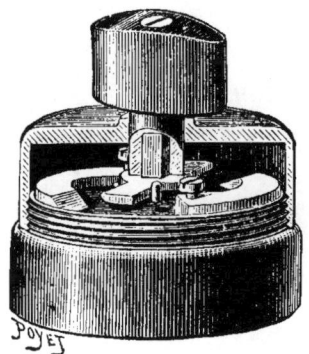

Fig. 39. — Interrupteur.

Des modèles innombrables de ces petits appareils ont été créés. Il est indispensable qu'ils soient de construction robuste, car ils sont manipulés à tout instant par les personnes les plus inexpérimentées. La suppression du courant doit s'y produire en un mouvement brusque (facilement obtenu par la détente d'un ressort), afin de réduire autant que possible la durée de l'étincelle de rupture, due à l'extra courant qui se produit à ce moment et qui pourrait, en se prolongeant, détériorer les pièces de contact.

Dans les chambres à coucher, l'interrupteur est quelque-

fois disposé à l'intérieur d'une poire, en bois ou en ivoire,
suspendue bien à portée de la main, au moyen d'un cordon
souple dans lequel sont dissimulés les fils conducteurs. Cette
disposition est très commode : on peut s'en rendre compte
par le dessin que voici (fig. 40).

Fig. 40 — Emploi de la poire d'allumage.

Le fait de tourner une clé ou de presser un bouton est
évidemment le mode d'allumage rêvé et rien ne paraît plus
simple. On a pourtant songé à éviter même cette peine à
l'habitant de la *maison électrique* et à produire automatiquement, au moment voulu, l'allumage et l'extinction.

La figure 41 montre le fonctionnement d'un contact de
porte appliqué à un water-closet. La première fois que

l'on ouvre la porte, pour entrer dans le cabinet, la lampe
s'allume ; lorsqu'on ouvre pour la deuxième fois, en sor-
tant, la lampe s'éteint. Dans un coin de notre gravure, en
cartouche, est représenté le mécanisme du contact. Il est si
simple, — un rochet et un cliquet actionnés par le jeu du
battant, — que nous jugeons superflu de le décrire.

Fig. 41. — Contact de porte automatique.

Le croquis suivant fait voir la disposition d'un contact
intermittent ne laissant allumée que pendant quelques
minutes, — le temps de monter jusque chez soi, — les lampes éclairant l'escalier. Le locataire qui rentre à une heure
tardive, après l'extinction des feux, tire un cordon et jouit

d'une lumière momentanée lui permettant d'atteindre
l'étage le plus élevé, sans être dans la nécessité de frotter
une série d'allumettes ou de se munir d'une bougie, au risque de se brûler les doigts ou de voir la cire couler sur
ses vêtements.

Fig. 42. — Contact temporaire.

Au contact temporaire on peut substituer la disposition
suivante, qui permet d'allumer ou d'éteindre une lampe
de deux points différents. Le diagramme ci-après montre comment la lampe L peut être commandée au moyen
de deux commutateurs, ou interrupteurs à double direction
c et c', reliés entre eux par deux fils. Lorsque les manettes
mobiles c et c' sont toutes les deux sur le même fil (A A'

ou B B'), le courant passe ; il est interrompu si, l'une des
manettes étant sur le contact de gauche, l'autre se trouve
sur le contact de droite. On peut ainsi disposer l'un des
commutateurs à l'entrée de la maison et l'autre sur le palier
supérieur, de façon à éclairer la lampe en entrant et à
l'éteindre une fois l'escalier franchi.

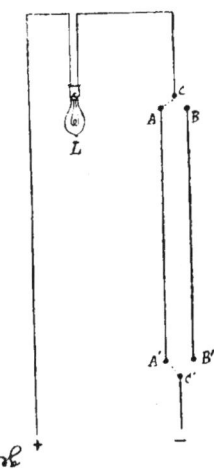

Fig. 43. — Allumage de deux points différents.

Si l'on veut avoir la possibilité de commander l'allumage
et l'extinction de plusieurs points différents, il faut
employer une autre disposition. Un seul interrupteur,
actionné par un électro-aimant, est branché sur les
fils de lumière et l'électro fonctionne au moyen d'une
pile dont les conducteurs aboutissent à des boutons de
contact à pression identiques à ceux dont on se sert pour
faire fonctionner les sonneries. Ces boutons sont placés
n'importe où et en aussi grand nombre qu'on le désire.

* * *

Nous résumons ici les prescriptions qui régissent l'installation de la lumière électrique, mais qui s'appliquent aussi aux appareils de chauffage et à la force motrice dans les appartements.

Les conducteurs du courant sont des fils ou des câbles en cuivre de haute conductibilité. Leur section doit être telle que le passage d'un courant deux fois plus intense que le débit normal ne puisse déterminer un échauffement supérieur à 40 degrés. On admet une densité moyenne de 2 ampères par millimètre carré. Le métal conducteur est revêtu d'une ou de plusieurs gaines isolantes (caoutchouc, gutta-percha, poix, chatterton, coton, soie, etc.). J'ai vu fonctionner, dans un four de pâtissier, une lampe dont les fils d'amenée du courant étaient recouverts d'amiante. Une plaque de mica permettait d'inspecter l'intérieur du four et de surveiller la cuisson des gâteaux, sans ouvrir la porte.

Dans les traversées de cours ou de jardins, on emploie quelquefois des fils nus reposant sur des isolateurs en porcelaine, comme ceux des lignes télégraphiques.

A l'intérieur, les fils, recouverts de leur enveloppe isolante, sont logés dans des moulures en bois bien sec dans lesquelles sont creusées des rainures recevant chacune un seul conducteur et jamais deux à la fois. Dans les traversées de murs ou de plafonds, des tubes en carton goudronné ou en caoutchouc assurent une protection plus complète encore.

Lorsqu'on fait usage de fils sous cordons de soie réunis en torsade, on peut les fixer simplement à l'aide de petites poulies, en os ou en porcelaine, clouées au mur. L'installation ainsi comprise est faite avec une grande rapidité, proprement et sans rien dégrader dans l'appartement.

Chaque circuit, principal ou dérivé, doit être muni d'un double coupe-circuit.

Fig.44. — Prise de courant.

Si l'on se sert de lampes transportables, il faut établir, dans les endroits que l'on veut pouvoir éclairer, des *prises de courant* (fig.44). Un petit socle en bois porte deux tubes courts en cuivre reliés à la canalisation. La lampe mobile est munie d'un fil souple terminé par un manche sur lequel deux fiches métalliques, auxquelles viennent aboutir les deux extrémités du conducteur souple, sont disposées de façon à pouvoir être introduites dans les petits tubes du socle fixe et à amener le courant jusqu'au filament.

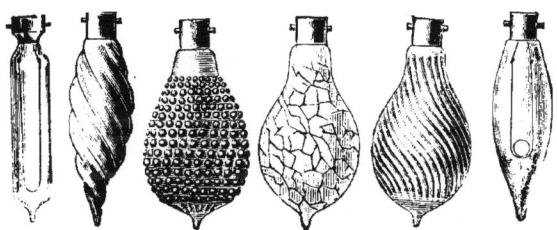

Fig.45. — Lampes diverses.

La lampe à incandescence revêt les formes les plus diverses. Nous avons fait reproduire, en quelques dessins, les modèles les plus répandus : verre clair ou dépoli, strié, **craquelé**, ondulé, à pois, colorié de toutes nuances (1); **ampoules** rondes, piriformes, ovales, cylindriques, torses, en forme de flamme. Ces dernières s'adaptent à un support spécial formé d'un tube en porcelaine imitant une bougie et dissimulant une petite douille qui reçoit le culot (fig. 46). Les dimensions de la lampe-flamme étant forcément très réduites, on est parfois obligé de juxtaposer dans l'ampoule deux filaments qui sont réunis, soit en quantité, soit en tension, selon le pouvoir éclairant désiré et selon le voltage dont on dispose.

Fig. 46. — Douille-bougie.

Pour un éclairage de fête, lorsqu'il s'agit, par exemple, d'illuminer un jardin, la disposition suivante remplace

(1) Il existe des lampes en verre rouge rubis foncé, spécialement destinées à l'éclairage des laboratoires photographiques. Elles seront particulièrement appréciées de l'amateur photographe, car leur emploi évite l'échauffement de la chambre obscure, souvent très exiguë et dont le séjour est, en peu d'instants, rendu intolérable par les produits de la combustion qui s'opère à l'intérieur des lanternes dont on se sert d'ordinaire.

avec avantage les lampions d'autrefois par un éclairage
brillant et propre, préservant les toilettes des taches que la
moindre brise rendait inévitables avec les godets pleins de
suif se balançant au gré du vent. Des ampoules en chape-
lets (fig.47), de formes et de couleurs variées, contiennent
chacune un filament qui peut être porté à l'incandescence
par un très faible voltage. Le montage en tension permet
d'utiliser la force électromotrice normale des stations centrales (110 volts) et de disposer, au-dessus des allées et dans
les arbres, des guirlandes lumineuses et multicolores du
plus surprenant effet, qui peuvent, si l'on veut, s'illuminer
soudain, toutes ensemble, à un signal donné.

Fig.47. — Lampes en chapelet.

Depuis quelque temps, divers fabricants construisent des
lampes munies d'un réflecteur soudé au culot; d'autres
recouvrent d'une légère pellicule d'argent le fond de l'ampoule, qui affecte la forme parabolique. Ces dispositions,
qui ont pour but de diriger toute la lumière dans une direction unique, ont leur utilité lorsqu'il s'agit d'éclairer le
plus vivement possible une zone déterminée et assez restreinte ; elles donnent, notamment, des effets remarquables
dans les vitrines de bijoutiers. Dans les appartements, elles
trouveront rarement leur emploi : quels que soient le réflecteur adopté et la forme de l'ampoule, on remarque, sur
la surface éclairée, des inégalités de lumière et des stries
d'un aspect choquant.

D'ailleurs, l'œil ne peut guère recevoir directement sans

fatigue la lumière du fil incandescent . On fait plutôt usage
des lampes dépolies qui masquent complètement le filament et constituent des boules uniformément lumineuses
tamisant la lumière et diffusant dans toutes les directions
une lueur douce et reposante. Aussi l'emploi de ces lampes
se généralise-t-il de plus en plus dans les appartements,
malgré la perte de rendement qui résulte de l'absorption
par le verre dépoli (1) et qui rend l'éclairage un peu plus
dispendieux, à intensité égale.

Un autre moyen d'atténuer l'éclat du filament est d'en-
fermer l'ampoule, soit dans un globe opalin, soit dans une
bourse de perles de verre (figure 48) où la lumière se re-
fracte, soit, enfin, dans les pétales de grandes fleurs en soie
ou en papier minces brodés de paillettes et encadrés d'une
étroite dentelle dissimulant la monture en fils de fer. En
variant les teintes de ces enveloppes, on obtient un éclairage quelque peu original. mais de l'effet le plus agréable.

Fig. 48. — Bourse en perles.

La figure 49 représente une ampoule, de fabrication an-

(1) Le verre dépoli absorbe 25 à 30 pour cent de la lumière qui
le traverse ; le verre opale en absorbe encore davantage : 40 à 60
pour cent.

glaise, que son inventeur a modestement nommée « la Reine
des lampes » La partie formant réflecteur est opale. Elle
émet une lumière adoucie et ne produit pas les réverbéra-
tions des lampes étamées ou argentées.

Fig. 49. — Lampe à réflecteur opale.

La lampe incandescente se prête merveilleusement à
des effets décoratifs inconnus jusqu'ici. Plus que tout autre
luminaire, elle permet l'éclairage rationnel, tout à la fois
intense et artistique.

Les premiers appareils de lustrerie construits pour recevoir les lampes électriques n'étaient que de simples transformations des modèles servant à l'éclairage au gaz ou aux
bougies. Aujourd'hui, on constate de plus en plus une

note originale dans les types nouveaux. Il en existe **actuel-lement** de tous les styles, s'harmonisant à merveille **avec**

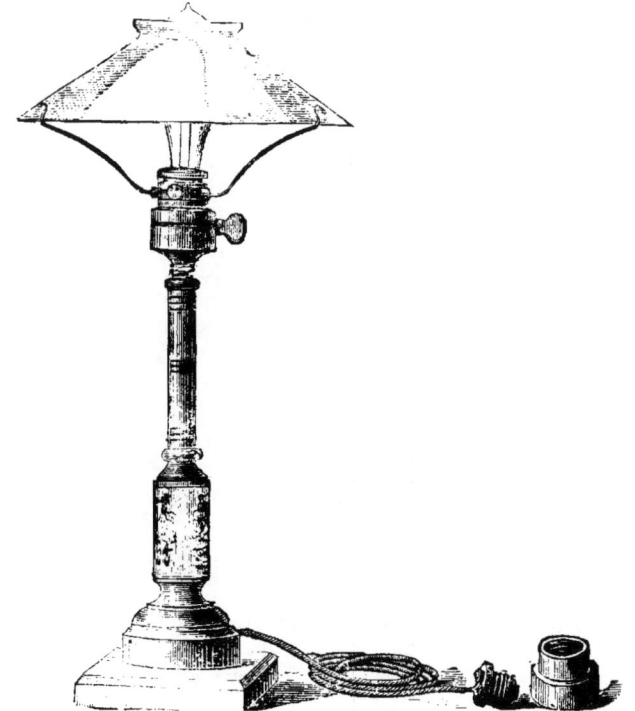

Fig. 50. — Lampe portative.

l'ameublement qu'ils doivent accompagner. L'imagination des appareilleurs s'ingénie chaque jour à créer des dispo-sitions inédites, si bien que nous assistons à une véritable révolution dans l'art de la lustrerie

Les petites ampoules sont semées dans des guirlandes ou

sur des branches de feuillage, à demi cachées dans des ca-
lices de métal peint qui les font ressembler à des fleurs
lumineuses ; d'autres sont entourées de tulipes ou de ver-
rines multicolores ou enfermées dans des réseaux de perles taillées à facettes où se jouent toutes les nuances du
prisme. Plafonniers, suspensions, girandoles, pendentifs,
appliques, lanternes, branches de fleurs courant sur les
draperies ou le long d'une glace, statues tenant en mains des
gerbes lumineuses, lampes-flammes sur des candélabres
à bougies de porcelaine, etc., tout cela sert à répandre à
profusion, dans la maison moderne, un éclairage qui réalise,
au moins dans l'état des connaissances actuelles, le summum
du confort, de l'élégance, de l'hygiène et de la sécurité.

Pour le travail de bureau, la lampe sur pied mobile, reliée
à la canalisation par un fil souple et une prise de courant,
est éminemment pratique (fig. 50).

Les crampons à bras flexibles (fig. 51) se recommandent
dans tous les cas où. pour un motif quelconque, la lampe
doit pouvoir être facilement changée de position.

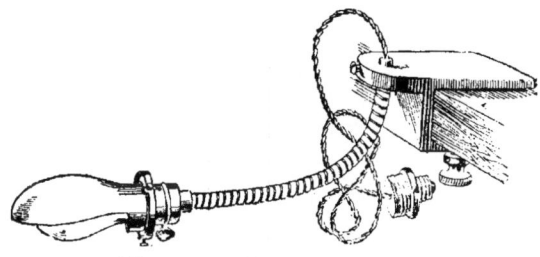

Fig. 51. — Crampon flexible.

Dans la chambre à coucher, il est utile de disposer de
deux genres d'éclairage, l'un assez intense, l'autre correspondant à la clarté d'une veilleuse. L'interrupteur est

placé, de préférence, au chevet du lit ; une poire d'allumage, comme celle dont nous avons déja parlé, est plus

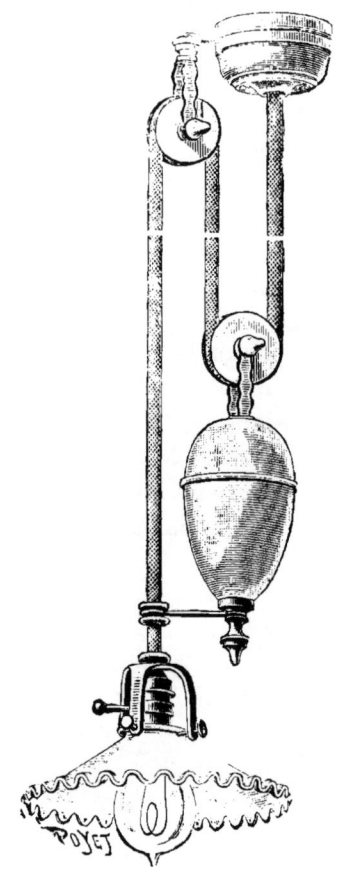

Fig. 52. — Suspension à contrepoids.

commode encore, car il est facile de la mettre sous l'oreil-

ler et de se procurer ainsi de la lumière, au milieu de la
nuit, sans même sortir la main des couvertures.

Fig. 53. — Lanterne de voiture.

Dans le cabinet de toilette, des appliques à branches
pliantes permettent de diriger la lumière dans la direction

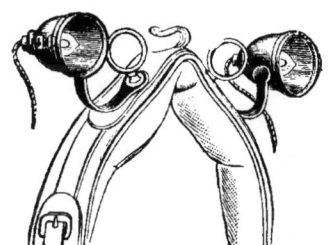

Fig. 54. — Lanterne de harnais.

voulue ; la lampe peut être placée contre une glace, sans
que celle-ci soit exposée à se briser par échauffement brusque ; elle peut être rapprochée, sans inconvénient, des
coiffures ou des toilettes les plus inflammables.

6

A la cuisine, un simple abat-jour de tôle émaillée suffit
pour répandre dans toute la pièce un éclairage brillant et

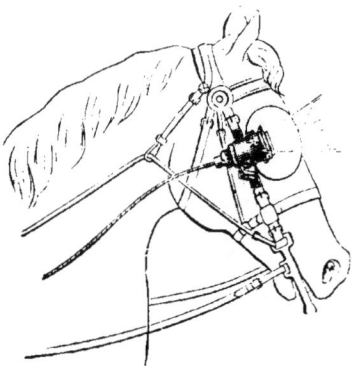

Fig. 55. — Lanterne de tête

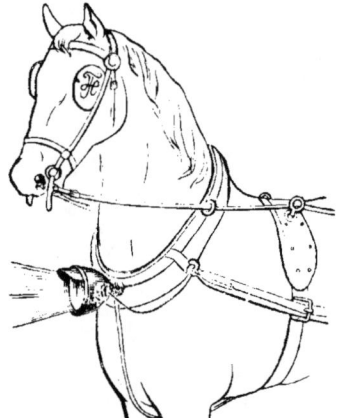

Fig. 56. — Lanterne de collier.

propre. On peut rendre l'appareil mobile au moyen d'une
suspension à contrepoids, comme celle que représente la
figure 52.

Enfin, les figures 53 à 56 montrent comment des lampes, alimentées par de petits accumulateurs portatifs, peuvent être disposées, pour l'éclairage d'une voiture et de la route à suivre, soit dans les lanternes, soit sur les harnais des chevaux.

L'illustration qui accompagne la fin de ce chapitre reproduit quelques modèles d'appareils de lustrerie : ce sont, comme on pourra s'en convaincre, de véritables objets d'art.

La lampe à incandescence pénètre partout et reçoit les applications les plus inattendues, souvent très utiles ou, parfois, simplement curieuses. On l'a vue trouver sa place jusque dans les mets qui paraissent sur nos tables. Tout récemment, à un dîner très élégant, une lampe illuminait l'intérieur d'une gelée à la framboise. Dès le début du repas, la gelée figurait sur la table, à l'abri d'une cloche couverte de fleurs. Quand fut venu le moment de l'entremets, on enleva la cloche et ce genre d'illumination, encore inédit, fit l'admiration des convives.

Signalons les lampes minuscules, alimentées par de petites piles au bichromate et dissimulées dans des bijoux, dans la pomme d'une canne, dans la tête d'une épingle à cheveux, etc. Elles furent très en vogue pendant une saison, il y a quelques années.

On n'a pas oublié les fontaines lumineuses du Champ de Mars et le succès qu'elles obtinrent à l'exposition de 1889. Depuis lors, ces feux d'artifice liquides ont reçu, chez divers particuliers, des applications moins grandioses, mais cependant intéressantes. L'installation des lampes incandescentes — l'arc n'est pas indispensable — à l'intérieur d'un bassin est peu compliquée : un jeu très simple de miroirs et de verres colorés disposés à la naissance de chaque jet d'eau permet d'obtenir de merveilleux effets.

**
**

Le prix de l'éclairage qui nous occupe mérite de fixer un instant notre attention. Ce prix dépend, naturellement, du coût de l'énergie électrique et varie par conséquent beaucoup.

Il faut d'abord laisser de côté le cas où l'on a recours aux piles pour produire le courant, car la dépense est alors excessive ; l'éclairage obtenu dans de pareilles conditions est un luxe à peu près inabordable à la plupart et reste forcément exceptionnel. Nous ne nous occupons pas non plus du cas ou l'énergie est produite, presque sans frais et accessoirement, dans une usine utilisant une partie de la force motrice totale pour l'éclairage des appartements du directeur. Nous nous en tiendrons au cas le plus général, celui du courant distribué à domicile par les stations centrales.

Quelques unes de ces usines maintiennent encore leurs tarifs à des taux très élevés, faisant payer l'hectowatt-heure 14 et même 18 centimes. Par contre, la Société Lyonnaise des forces motrices du Rhône, qui emprunte l'énergie au canal de Jonage, applique les prix suivants :

Six centimes et demi l'hectowatt-heure pour l'éclairage domestique et les lampes de service des maisons de rapport ;

Six centimes pour les bureaux et magasins ;

Cinq centimes et demi pour les cafés, restaurants, hôtels et autres établissements similaires.

Un prix moyen, le plus généralement adopté, est celui de dix centimes l'hectowatt-heure. C'est celui que nous pren-

drons pour base. Dans ces conditions, une lampe de dix
bougies, qui absorbe 35 watts environ, revient à trois centimes et demi par heure.

Fig. 57 · Plafonnier.

Le tableau suivant permettra de mieux se rendre compte
du prix de cet éclairage, comparé à celui des autres illuminants actuellement employés. Ce tableau donne la dépense occasionnée, en une heure, par un éclairage équiva-
lant à un carcel, soit à peu près dix bougies.

Illuminants.	Prix en centimes
Bougie en stéarine.............................	20
Lampe à huile................................	5,9
Bec de gaz papillon..........................	3,8
Bec Bengel...................................	3,2
Lampe électrique.............................	3
Pétrole......................................	2,7
Acétylène....................................	1
Bec Auer (quand le manchon est neuf, et sans tenir compte des frais de remplacement de ce dernier).................................	0,8

Il faut reconnaître que, envisagé à ce seul point de vue, l'éclairage électrique pourrait craindre la concurrence avec le pétrole, avec l'acétylène, avec le bec Auer lui-même, malgré les frais supplémentaires et non négligeables occasionnés par le remplacement plus ou moins fréquent des manchons.

Mais cette question pécuniaire, quoique très importante, est loin d'être la seule à considérer et, de plus en plus, on se préoccupe d'assurer, dans l'habitation moderne, la sécurité, la salubrité et le confort. A ce triple point de vue, aucun mode d'éclairage ne peut soutenir la lutte avec l'électricité.

Tous les autres illuminants ont un vice irrémédiable. Résultant d'une combustion, outre qu'ils constituent un danger permanent d'incendie ou même d'explosion et qu'ils nécessitent un allumage plus ou moins incommode, ils ont l'inconvénient très grave de vicier l'air, en absorbant de l'oxygène et en émettant de l'acide carbonique et de l'oxyde de carbone. Ils s'emparent d'un gaz indispensable à la vie et répandent dans l'atmosphère un produit nuisible. Il y a

aussi, avec les carbures d'hydrogène, production de vapeur
d'eau : cette dernière se condense et se dépose sur les meubles et sur les tentures.

Fig. 58. — Guirlande de feuillage.

*
* *

Le docteur Hammont a dressé un tableau comparatif des
quantités d'air altéré, d'oxygène absorbé, d'acide carbonique dégagé et de chaleur émise, pendant une heure, par
les divers luminaires en usage dans les appartements. L'au-
teur a pris pour base un éclairage égal à celui de douze
bougies.

Mode d'éclairage	Oxygène consommé, en litres	Acide carbonique produit, en litres	Air vicié, en litres	Calories dégagées
Électricité .... (par incandescence).	0	0	0	34 (1)
Gaz...............	95	56	450	550
Huile.............	130	94	675	580
Pétrole	170	121	931	822
Essence minérale...	180	130	940	830
Bougie............	240	175	1.240	940
Chandelle.........	340	245	1.650	1.260

Dans ce tableau, il n'est pas question de l'acétylène. Ce produit dégage 80 à 100 calories. Il produit un peu moins de vapeur d'eau que le gaz ordinaire, mais presque autant d'acide carbonique. La quantité d'air vicié en une heure par un bec de douze bougies est d'environ 95 litres.

Ces chiffres démontrent jusqu'à l'évidence que seule l'électricité satisfait complètement aux règles de l'hygiène, dont la médecine moderne se préoccupe à si juste titre, et que sous ce rapport elle atteint la perfection.

La chaleur que dégage l'ampoule est absolument négligeable, et c'est là un avantage très appréciable, en été, surtout pour les lampes de bureau. Pendant l'hiver, cette

(1) Ce chiffre correspond à la chaleur émise par une lampe à incandescence donnant la lumière jaune. Lorsqu'on pousse la lampe au blanc éblouissant, elle ne dégage plus que 20 calories par carcel-heure. Cette diminution de chaleur résulte de l'augmentation du rendement lumineux : la quantité d'électricité dépensée restant la même, tout accroissement de lumière entraîne une diminution de chaleur, car l'énergie absorbée ne peut jamais se perdre : elle doit nécessairement se retrouver, sous une forme ou sous une autre.

absence presque complète de calorique n'a pas d'autre
inconvénient que d'exiger le chauffage de l'appartement.
Je ne sache pas, d'ailleurs, que les autres luminaires en

Fig. 59. — Applique.

dispensent : la chaleur émise par un bec de gaz peut fort
bien occasionner des névralgies, mais n'empêche pas d'avoir
les pieds gelés, si l'on néglige d'allumer le poêle ou la cheminée.

Les risques d'incendie et d'explosion sont aussi à considérer.

Le pétrole continue à causer des accidents fréquents,
malgré les perfectionnements apportés dans son épuration
et dans la construction des brûleurs. Les lampes à feu nu,
les bougies transportées d'un appartement dans un autre,
sont une cause permanente d'incendie.

Le lecteur a certainement encore présente à la mémoire
la catastrophe terrible qui se produisit, le 4 mai 1897, au
Bazar de la charité, rue Jean-Goujon. Quelque temps aupara-
vant, le curé de Notre-Dame-des-Champs avait fait repré-
senter, dans ce local, un drame religieux, le *Christ*, et la

Fig. 60. — Lustre

préfecture de police n'avait accordé l'autorisation nécessaire que moyennant certaines conditions. celle-ci entre
autres : « L'éclairage sera *exclusivement électrique* ; il sera
interdit d'allumer un feu quelconque ».

Les organisateurs du Bazar crurent pouvoir enfreindre
cette prescription, et une lampe oxy-éthérique fut employée
à des projections de cinématographe. On sait ce qui advint.
Tout d'un coup, des tentures s'enflammèrent, l'incendie
envahit aussitôt le bâtiment tout entier et, en moins d'un

Fig. 61. — Lanterne d'escalier

quart d'heure, le Bazar était réduit en cendres ; cent vingt
cadavres, affreusement carbonisés, les membres tordus,
hideux à voir, reposaient sur le sol, pendant que des femmes
en délire, hurlantes, grièvement blessées, les cheveux au
vent ou brûlés, les vêtements dévorés par le feu, allaient
s'échouer dans la rue, à demi-mortes.

A ce danger perpétuel d'incendie, l'emploi du gaz ajoute les risques d'explosions. Ces risques augmentent si, à l'ancien carbure d'hydrogène extrait de la houille, on veut substituer l'acétylène. Ce dernier, quoi qu'en aient pu dire ses partisans, ne pourra jamais faire une sérieuse concurrence aux grandes distributions. Ses propriétés endothermiques et explosives en rendent l'utilisation difficile et dangereuse : des accidents réitérés en sont, malheureusement, la preuve irréfutable.

L'odeur fortement alliacée qu'il répand ne permet pas d'en faire usage dans les salons, où son emploi équivaudrait presque à un retour aux chandelles nauséabondes de l'ancien régime.

En outre, il n'est pas possible de le canaliser dans des conduites en cuivre, car le danger serait encore augmenté. L'acétylure de cuivre, qui pourrait alors se produire, fait explosion par le choc; chauffé, il détone spontanément entre 95 et 120 degrés centigrades.

D'autre part, à la pression ordinaire, la flamme de l'acétylène est rouge et fuligineuse. Il faut donc augmenter la pression et, pour diminuer le débit, employer des becs à fente très fine. Ces derniers s'obstruent, dès lors, très facilement et, si l'on veut les nettoyer, on risque d'agrandir la fente. D'ailleurs, parmi les innombrables systèmes de becs proposés jusqu'ici, il n'en est pas un seul, de l'aveu des *acétylénistes* eux-mêmes, qui soit susceptible de donner un éclairage de longue durée, sans encrassement. Tout va bien pendant deux, trois et même quatre heures, mais au bout de six à sept heures, au plus, des dépôts se forment, qui exigent une surveillance constante et des nettoyages difficiles à exécuter en cours de fonctionnement. Il en résulte que la flamme, très brillante au début, pâlit ensuite progressivement, au point de ne plus émettre qu'une lueur fumeuse et vacillante.

Enfin, des retours au gazomètre ou dans les conduites sont toujours à craindre, et les plus graves accidents sont à redouter.

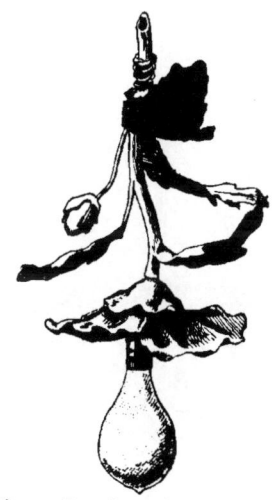

Fig. 62. — Pendentif rhododendron.

Du reste, à la suite des premières catastrophes qui se sont produites, la réglementation des installations à l'acétylène ne s'est pas fait attendre et l'administration a exigé une demande d'autorisation, avec plan des lieux, croquis de l'appareil, assentiment du propriétaire de l'immeuble, etc. Les compagnies d'assurance ont également pris des mesures rigoureuses. Voici, entre autres, la décision du syndicat général des compagnies à primes fixes :

« L'éclairage par le gaz acétylène ne peut être introduit
« dans les locaux assurés contre l'incendie sans une décla-
« ration préalable, laquelle doit être faite à peine de déché-

« ance. Cette déclaration peut être admise et l'assu-
« rance, après introduction de l'éclairage au gaz acétylène,

Fig. 63. — Lustre.

« peut être maintenue dans les conditions suivantes : 1° Il
« ne sera fait emploi ni d'acétylène liquide, ni de lampe por-

« tative à l'acétylène : 2° l'appareil producteur du gaz acéty-
« lène ou « gazogène » ne pourra être établi que dans un
« endroit séparé de l'immeuble assuré ou dans lequel sont
« placés les mobiliers assurés ; le carbure de calcium des-
« tiné à l'alimentation de cet appareil devra être renfermé
« dans des vases clos et à l'abri de l'humidité, et maintenu
« en dehors des locaux de l'assuré ; 3° une surprime de
« 0 fr. 30 pour cent sera perçue sur les objets, meubles
« ou immeubles, assurés contre l'incendie, y compris le
« recours locatif et le recours des voisins ».

Fig. 64. — Flambeau ibis et tulipes.

Avec la lampe électrique, tout danger d'explosion ou
d'incendie est forcément écarté. Le filament lumineux,
enfermé dans une enveloppe hermétiquement scellée, est à

l'abri de tout contact atmosphérique et ne pourrait, en aucun cas, communiquer le feu.

L'ampoule est si peu chaude qu'il est aisé de la tenir dans
la main, sans se brûler ; appliquée contre une étoffe, elle
ne l'enflammera jamais ; à peine pourrait-elle, peut-être,
la roussir légèrement, après un contact prolongé.

Si un choc vient à briser le verre, la rentrée subite de
l'air a pour effet immédiat d'éteindre la lampe, car le filament est alors instantanément consumé, supprimant la chaleur en même temps que la lumière.

Cette propriété a déjà conduit plusieurs compagnies
d'assurance contre l'incendie à dégrever, dans de notables
proportions, les bâtiments dans lesquels l'éclairage est exclusivement électrique.

Un autre avantage de la lampe incandescente est sa commodité. N'exigeant ni entretien ni surveillance, elle dis-
pense de l'opération si fastidieuse du garnissage et de la
préparation des mèches qui, dans nombre de maisons importantes, occupait à elle seule un serviteur pendant presque toute la journée. Toujours prête à fonctionner, elle
évite l'emploi des allumettes, éliminant ainsi une nouvelle
source de danger.

Enfin, aucun luminaire ne peut rivaliser avec celui-ci,
sous le rapport de la propreté et de l'absence d'odeur et
de fumée.

Il n'est plus nécessaire d'éloigner la lumière du plafond,
car aucune dégradation n'est à craindre. On peut, sans
inconvénient, remonter les lustres et rapprocher les appliques des étoffes les plus précieuses. Les tentures prennent
ainsi un aspect inaccoutumé, l'œil n'est plus ébloui par l'éclat
aveuglant des flammes surbaissées et le plafond, plus vive-

ment illuminé, fait réflecteur et diffuse partout une lueur douce et uniforme.

Fig. 65. — Chambre à coucher. (Les lampes sont disposées sur un lustre, dans les draperies du lit et contre les glaces. En cartouche, des chandeliers mobiles.)

La fumée des bougies et du pétrole, les dégâts produits par le gaz, qui altère rapidement les métaux et les peintures, nécessitent fréquemment des réparations onéreuses. Les dépenses ainsi occasionnées doivent entrer en compte dans le calcul du prix de revient de l'éclairage. La commo-

7

dité, le bien-être et l'absolue sécurité ne sont pas, non plus, sans valeur.

Tous comptes faits, la lampe électrique nous paraît réaliser un éclairage à la fois luxueux et économique. La facilité d'allumage et d'extinction permet, d'ailleurs, de réduire la dépense au strict nécessaire, en supprimant la lumière aussitôt qu'elle n'est plus indispensable.

CHAPITRE IV

LE CHAUFFAGE

« La cheminée est le meilleur moyen de se chauffer le moins possible, en brûlant la plus grande quantité possible de bois. »

Malgré son apparence paradoxale, cette boutade de Franklin n'est que trop justifiée.

Les cheminées d'autrefois, qui pouvaient abriter sous leur manteau une famille entière, n'utilisaient guère que trois ou quatre pour cent du calorique développé par la combustion du bois.

Depuis lors, des perfectionnements ont été réalisés, mais, néanmoins, le rendement des meilleures cheminées actuelles n'atteint pas quinze pour cent. Sur les deux cents millions qui représentent, d'une façon approximative, la consommation annuelle de bois de chauffage en France, trente millions sont utilisés ; tout le reste — cent soixante dix millons — s'envole par la cheminée et se perd dans les airs.

Les gaz ainsi échauffés en pure perte ont, de plus, pour effet d'appeler, par les joints de toutes les ouvertures, des vents coulis qui aèrent l'appartement d'une façon souvent .intempestive.

Le poêle est plus économique, mais il est insalubre : il des-sèche l'air et le vicie, au détriment de la santé. Si un tuyau chasse les produits de la combustion, l'air froid du dehors, introduit par le tirage, s'étale sur le plancher, pendant que l'air chaud se confine dans la partie supérieure de la pièce, à tel point qu'il n'est pas rare d'avoir la tête en feu et les pieds gelés, contrairement aux leçons de la plus élémentaire hygiène.

Avec les foyers à combustion lente, avec les poêles mobiles, notamment, le dégagement d'oxyde de carbone constitue un véritable danger. Les doses les plus minimes de ce gaz délétère sont nuisibles et déterminent presque toujours des accidents. Céphalalgies, dyspnée, vertiges, battement des artères temporales, sécheresse de la gorge, anémie, lipotymies, tels sont les résultats fréquents d'un usage plus ou moins prolongé de ce mode de chauffage. Il suffit que l'air contienne un centième de son poids d'oxyde de carbone pour que l'empoisonnement mortel survienne.

Or, le charbon qui alimente les poêles dégage des quantités énormes du gaz toxique, par suite de la lenteur de la combustion. Le poêle mobile est donc un engin insalubre et dangereux au premier chef, qui doit être sévèrement proscrit s'il n'est pas immobilisé dans une cheminée tirant bien.

Même avec un poêle à tirage, des accidents mortels sont à craindre : on n'en a que de trop fréquents exemples. Pour peu que le tirage se ralentisse, à la suite d'une saute de vent ou pour toute autre cause, l'oxyde se dégage rapidement et, entraîné par le plus léger courant d'air, se répand dans les chambres voisines et souvent les dangers d'asphyxie sont moins grands dans la pièce même où le poêle est dressé que dans les chambres adjacentes. L'asphyxie peut ainsi surprendre, pendant leur sommeil, des personnes qui se croyaient complètement à l'abri.

Tout récemment, un cas d'empoisonnement par l'oxyde de carbone s'est produit à Paris et l'enquête à laquelle il fut procédé établit que l'accident était dû à un poêle mobile installé dans un appartement situé deux étages au-dessous. Le gaz délétère s'était dégagé par la cheminée, dans laquelle une fissure avait dû se produire.

Ce qui augmente le danger, c'est que les victimes ne s'aperçoivent que rarement de l'intoxication. Quand apparaissent les premiers symptômes, maux de tête, vertiges, nausées, on attribue généralement le malaise à une mauvaise digestion; on ne songe point à aérer l'appartement et l'on attend, pendant que le gaz poursuit son œuvre ; l'empoisonné perd connaissance et la mort arrive, si aucun hasard n'amène à temps un voisin ou un ami.

Ce n'est pas tout. Plusieurs observateurs ont rapporté, à diverses reprises, des faits singuliers tendant à faire admettre que l'empoisonnement par l'oxyde de carbone ne produit pas toujours ses effets immédiatement, et qu'il agit quelquefois après une période plus ou moins prolongée : ce serait alors un *poison à effets différés*.

Le bois et le gaz, eux aussi, dégagent de l'oxyde de carbone, en cas de combustion incomplète. Il est, d'ailleurs, incontestable que tout mode de chauffage résultant d'une combustion, vicie l'atmosphère et ne peut qu'être nuisible à la santé. A cet inconvénient, l'emploi du gaz ajoute l'odeur désagréable, les condensations de vapeur d'eau sur les meubles et sur les tentures, et le danger permanent d'explosion.

Le chauffage par circulation d'eau chaude ou de vapeur est beaucoup plus avantageux. Malheureusement, outre les risques d'accidents pouvant résulter de la rupture d'un tuyau, ce système de chauffage exige une seconde canalisation pour l'éclairage et la force motrice, et complique l'installation. Il nous parait, d'ailleurs, malaisé de l'employer à la cuisson des aliments et son usage semble limité à un nombre restreint d'applications.

On peut, au contraire, généraliser l'emploi de l'électricité et utiliser la même canalisation pour l'éclairage, le chauffage, la ventilation, l'assainissement, etc. Il suffit d'avoir prévu, pour les conducteurs, une section capable de supporter le débit maximum.

L'installation est des plus simples et de tous points semblable à celle de l'éclairage. Le courant est donné par la manœuvre d'un interrupteur ou commutateur. Des coupe-circuits préviennent les effets d'une augmentation anormale d'intensité et des prises de courant permettent la connexion instantanée des ustensiles transportables. Aux appareils absorbant une grande quantité d'énergie, on joint parfois une *lampe témoin*, montrant que le courant passse et évitant une consommation inutile (fig. 66).

Le fonctionnement des appareils que nous allons étudier repose sur l'échauffement d'un fil fin sous l'action du courant. Des résistances en platine, en maillechort ou en ferronickel sont noyées dans un émail isolant et réfractaire, ou recouvertes d'amiante et disposées entre deux plaques de tôle. La longueur du fil et son diamètre sont calculés de telle sorte que le passage du courant le porte au rouge sombre. Ces résistances sont logées dans le socle de l'appareil qu'il s'agit de chauffer. Il n'y a donc plus ici, comme dans les autres genres de chauffage, un foyer allumé sur lequel sont placés les ustensiles que l'on veut porter à une haute température : la source de chaleur est enfermée dans l'us-

tensile même, de façon à réduire au minimum les pertes
de calorique et à augmenter le plus possible le rendement.

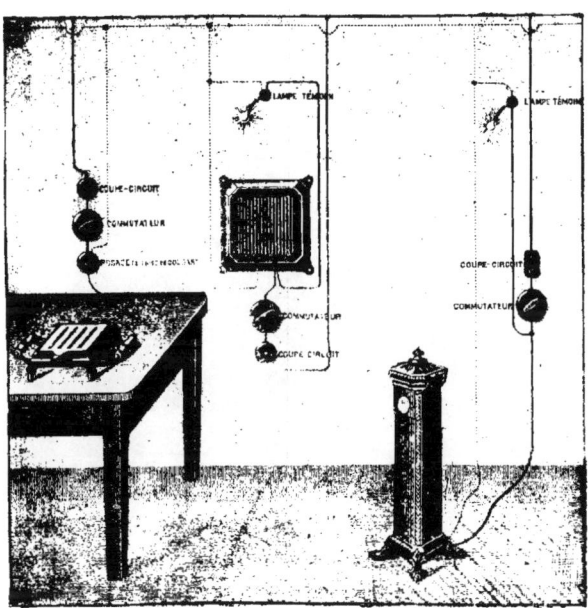

Fig.66. — Installation des appareils de chauffage.

Les dessins qui accompagnent ces lignes reproduisent les
principaux appareils de chauffage électrique actuellement
construits. Ce qui frappe le plus, au premier abord, c'est
l'absence de flamme et de combustion, qui rend la source de
chaleur invisible.

Les *radiateurs* électriques, qui servent à élever la température d'un appartement, se présentent tantôt sous la forme

de panneaux fixés sur les lambris, tantôt sous forme d'é-
crans ou de poèles mobiles munis d'un fil souple.

Fig. 67. — Radiateur fixe.

Ces deux dernières dispositions sont particulièrement
commodes pour porter la source de chaleur à l'endroit le
plus convenable ; elles seront appréciées, notamment, dans
le cabinet de travail. L'écran, surtout, très facilement transportable, présente, en outre, l'avantage de fournir un abri
contre les courants d'air. Des peintures et des motifs d'or-
nementation peuvent le décorer (fig. 69).

Comme il n'y a ni combustion ni air vicié, la cheminée
devient inutile. Elle n'est même plus nécessaire pour aérer
l'appartement, lorsqu'on fait usage des ventilateurs dont il
sera question dans le chapitre suivant, et si l'on tient encore à la conserver, ce ne peut être que par un sacrifice à
la routine ou une préférence esthétique.

Les personnes qui trouvent triste la chaleur obscure et qui regrettent les gaies flambées de l'âtre pourront employer, de préférence aux radiateurs à résistance métallique, les *bûches électriques* de M. Fernand Le Roy. Ce sont des cylin-

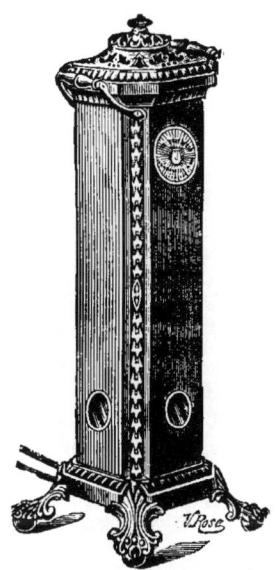

Fig. 68. — Calorifère mobile.

dres en verre fermés à chacune de leurs extrémités par une monture métallique en communication électrique avec un crayon de silicium graphitoïde. Ce dernier rougit sous l'influence du courant et atteint rapidement une température que l'inventeur estime être voisine de neuf cents degrés centigrades. On a soin de faire le vide dans ces cylindres de verre, comme dans les ampoules des lampes à incandescence.

Ces bûches peuvent durer quinze cents heures environ et
absorbent soixante à cent watts, selon leurs dimensions.
Dans le modèle le plus répandu, le bâton de silicium a dix
centimètres de longueur, sur quarante à cinquante millimètres carrés de section et peut être mis en dérivation sur
un courant d'éclairage usuel à cent dix volts.

Fig. 69. — Radiateur-écran mobile.

Disposées dans un poêle ordinaire ou dans une cheminée,
les bûchettes Le Roy procurent une chaleur saine et agréable car, outre qu'elles ne peuvent altérer en rien l'atmosphère, elles présentent l'avantage d'être rouges comme de la

braise véritable et de réjouir l'œil, — détail important en
matière de chauffage.

Sur le même principe que les radiateurs, sont construites des chaufferettes électriques (fig. 70) renfermant
des résistances métalliques. Pour ma part, j'ai trouvé

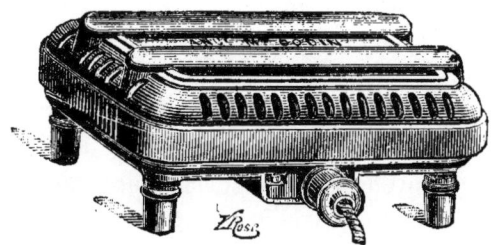

Fig. 70. — Chaufferette.

excessive la chaleur produite par ces dernières et. depuis
quelques années, je fais usage d'un chauffe-pieds ordinaire
dans lequel est une simple lampe à incandescence de seize
bougies. J'obtiens ainsi une chaleur douce, assez faible
mais continue et qui me donne complète satisfaction.

Il existe aussi des bassinoires, qui ne sont que de petits
radiateurs circulaires et munis d'un long manche. Sir Sa-
muel Natting a imaginé un *matelas électrothermogénique*, dans
l'intérieur duquel des fils de maillechort sont tendus entre
deux toiles d'amiante et reçoivent le courant qui maintient
le tout à une température tiède. Soyez sûrs qu'un jour viendra, où des couvertures seront conçues de la même façon :
elles seront moins lourdes qu'un édredon, car il ne faut
que des fils très fins et très légers.

Du reste, on a déjà trouvé mieux pour éviter aux syba-

rites modernes la moindre sensation pénible de froid. Un
inventeur vient de faire breveter un dispositif permettant
de chauffer électriquement le siège des waters-closets.

Le prospectus de l'appareil en question dit qu' « en raison des idées de bien-être qui se développent de plus en
plus, il était utile de trouver un procédé qui permît de
chauffer, sinon la pièce entière des W.-C , tout au moins
la surface du siège sur lequel on s'assied, afin d'éviter la
sensation si désagréable (ces mots sont soulignés dans le prospectus) produite par le contraste de la température du
corps avec celle, parfois glaciale, dudit siège... ».

La question est résolue, simplement et économiquement,
par l'emploi d'une résistance placée dans l'épaisseur du
bois, de façon à produire, à la surface, une douce température qui, dans aucun cas, ne peut être supérieure à trente
degrés.

D'une façon générale, les radiateurs consomment une
grande quantité de courant et sont d'un usage assez dispendieux. Il est certain que, si l'on veut s'en servir constamment pour maintenir à vingt ou vingt-cinq degrés la
température d'une pièce de dimensions moyennes, ce
mode de chauffage n'est pas accessible à tous les budgets.
Il faut compter environ soixante watts par mètre cube, soit,
pour une salle de dix mètres cubes, six hectowatts : à raison de dix centimes l'hectowatt-heure, c'est une dépense
de soixante centimes par heure. Mais cet inconvénient, —
forcément temporaire, puisque les stations centrales seront
fatalement amenées, tôt ou tard, à réduire leurs tarifs dans

de notables proportions (1) — est racheté par des avantages multiples.

Il est si commode de n'avoir pas à s'occuper de son feu,
de n'avoir pas besoin de réserver un emplacement à une
provision abondante de bois ou de charbon, (les loyers
sont chers, dans les grands centres et la place y est singulièrement mesurée) et de vivre dans une quiétude complète,
à l'abri de tout risque d'incendie et d'asphyxie !

La facilité que l'on a d'obtenir la chaleur instantanément
et de la supprimer aussitôt qu'elle devient inutile permet,
d'ailleurs, de réaliser des économies impossibles avec les
autres sources de calorique, qui exigent toujours un allumage plus ou moins long, si bien que d'ordinaire l'appartement n'atteint la température voulue que lorsqu'on n'a
plus rien à y faire, la combustion, en pleine activité, continuant dès lors inutilement.

N'oublions pas de signaler la suppression de la fumée,
— un des trois fléaux de la maison, si l'on en croit le pro-
verbe latin :

Sunt tria damma domus : imber, mala femina, fumus.

(*Il y a trois fléaux domestiques : humidité, méchante femme,
fumée*).

Plus de tableaux rapidement dégradés et nécessitant des
restaurations coûteuses, plus de meubles fanés en une saison, plus de rideaux noircis en quelques jours, plus de
décorations défraîchies.

A notre avis, lorsqu'on veut comparer le coût des divers

(1) Déjà, les secteurs parisiens, qui vendent l'hectowatt à raison
de douze centimes pour l'éclairage, ont décidé d'abaisser ce prix à
quatre, et parfois même à trois centimes, pour le courant destiné
au chauffage. A Berlin et dans plusieurs villes d'Amérique, la taxe
est réduite à deux centimes l'hectowatt.

genres de chauffage, les frais de peinture. de blanchiment,
de nettoyage et d'entretien doivent entrer en compte. D'autre part, les économies résultant de l'instantanéité de l'allumage et de l'extinction ne sont pas à dédaigner. Enfin, le
confort et la sécurité valent bien quelque chose, et la santé,
elle aussi, a son prix

L'action thermique du courant n'est pas seulement utilisée
pour élever la température des appartements. Elle reçoit
d'autres applications beaucoup moins dispendieuses et
d'une commodité facile à comprendre

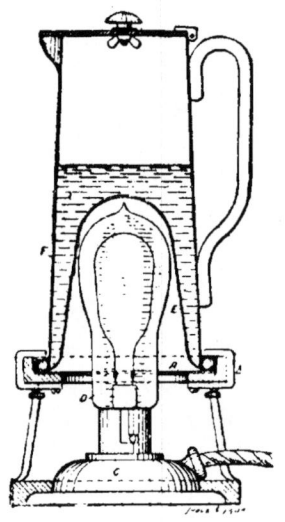

Fig. 71. — Lampe veilleuse-réchaud.

Dans la chambre à coucher, une bouilloire électrique

permet de faire chauffer de l'eau pendant la nuit. Pour
obtenir l'ébulition dans une théière, la dépense atteint à
peine cinq ou six centimes.

La figure 71 montre une lampe à incandescence disposée
pour servir de veilleuse et, en même temps, pour maintenir légèrement tiède une tisane ou une boisson quelconque.

Fig. 72. Cabinet de toilette pourvu d'un chauffe-bains, d'un
chauffe-fer à friser et d'une bouillotte électriques.

Rien n'empêche d'installer au chevet du lit l'interrupteur commandant la bouillotte du cabinet de toilette. En
tournant le bouton quelques instants avant de se lever, on
est sûr de trouver chaude à point l'eau pour la barbe ou
pour les ablutions matinales, le *tub* et même le bain pris
au saut du lit.

La fig. 73 représente un chauffe-linge, constitué par une

boite en tôle supportée par deux consoles en fonte nickelée
et contenant un petit radiateur. Le linge à chauffer se place
sur une toile métallique étamée et ne court aucun risque de
se salir. Le courant consommé n'est que de quatre hectowatts.

Fig. 73. — Chauffe-linge.

Les fers à friser et les fers à repasser sont également
chauffés par le courant et sont d'un emploi particulièrement
commode, car ils atteignent très rapidement la température

voulue, consomment une faible quantité d'énergie et n'exigent l'allumage d'aucun foyer — opération toujours fastidieuse.

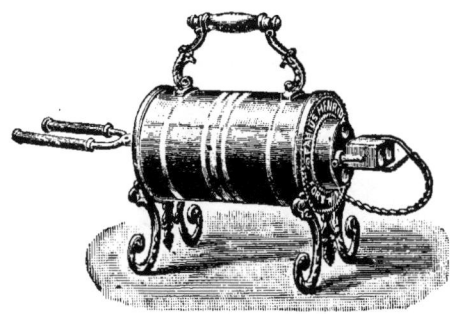

Fig. 74. — Chauffe-fers à friser.

Le chauffe-fers de M. Fabius Henrion (fig. 74) est muni de trois contacts permettant de connecter la prise de cou-

Fig. 75. — Fer à repasser.

rant à deux circuits différents. L'un de ces circuits donne une température de 250 degrés au bout de cinq minutes, avec un courant de 1,5 ampère sous 110 volts ; l'autre donne 400 degrés et dépense 2,2 ampères avec le même voltage.

Fig. 76. — Fer à repasser.

Les fers à repasser, du même constructeur (fig. 75 et 76) peuvent être employés après avoir reçu le courant pendant 2 minutes et consomment 2,5 à 3 ampères, au plus. En les

Fig. 77. — Fer à crochet.

posant debout, leur poids fait jouer un commutateur, qui
introduit dans le circuit une résistance additionnelle calculée de façon à ne laisser passer que la quantité d'électricité nécessaire pour éviter le refroidissement.

Dans un autre modèle (fig. 77). le même effet est obtenu
à l'aide d'un crochet mobile auquel on suspend le fer.

Dans la *maison électrique*, les lampes et les appareils de
chauffage sont mis en activité par la simple manœuvre
d'une clé. Il en résulte que les allumoirs y sont réduits au
rôle *d'articles pour fumeurs*. Leur emploi se recommande
pourtant, car il permet la suppression complète des allu-

Fg. 78. — Allumoir à étincelle.

mettes chimiques, éliminant ainsi un risque permanent
d'incendie et un grave danger d'empoisonnement. A cet
avantage, surtout appréciable dans les appartements où

des enfants sont parfois laissés sans surveillance, s'ajoutent
la commodité de ce système d'allumage, propre, rapide et
sûr — point de *raté* à craindre — et son coût, réellement
insignifiant, ainsi qu'on le verra plus loin.

Il existe trois types bien distincts d'allumoirs électriques.

Le premier (fig. 78) fonctionne an moyen d'une pile dis-
simulée dans une boîte et dont le courant peut passer d'une
lampe à essence en métal sur un faisceau de fils conducteurs.
Lorsqu'on tourne la clé, le faisceau métallique vient en
contact avec la lampe, puis s'en écarte brusquement et
l'étincelle de rupture, qui jaillit alors tout près de la mèche,
enflamme l'essence dont celle-ci est imbibée. En tournant
le bouton en sens inverse, un éteignoir vient recouvrir la

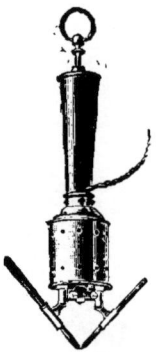

Fig. 79. — Allumoir à arc.

mèche. Cette disposition a l'inconvénient de nécessiter
l'emploi d'un liquide inflammable — en très petite quantité, il est vrai.

Un autre système d'allumoir emprunte le courant de la
station et utilise la chaleur de l'arc voltaïque. Deux petits
crayons de charbon (fig. 79) sont disposés obliquement.

En poussant un bouton, on les fait venir en contact et on
les sépare aussitôt après. L'éclat de l'arc qui jaillit alors,
malgré la faible quantité de courant absorbée, est trop
vif pour qu'on puisse en conseiller l'emploi aux fumeurs.
Si, en allumant une cigarette, par exemple, on regarde un
instant la source de chaleur — et il est difficile de faire
autrement — on est ébloui et, pendant plusieurs minutes,
l'œil conserve l'impression d'une image rétinienne composée de petits points jaunes qui ne disparaissent que très
lentement.

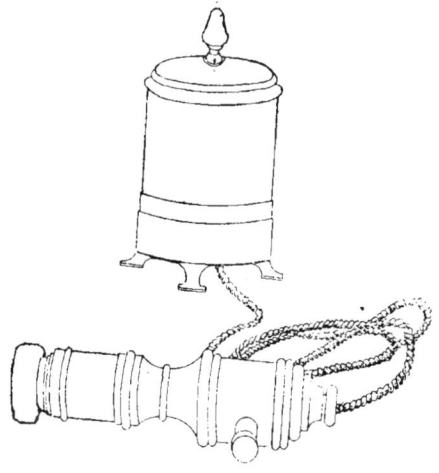

Fig. 80. — Allumoir à résistance.

Il vaut mieux faire usage du modèle reproduit figure 80
et dont le dessin suivant montre le fonctionnement. Au bout
d'un manche est montée une petite résistance en fil de platine reliée à la même canalisation que les lampes et les
radiateurs. Dès qu'on presse un bouton de contact disposé

dans la monture, le fil est porté à l'incandescence par le
passage du courant et allume rapidement le cigare, la pipe
ou la cigarette qui lui sont présentés. Ce petit appareil,

Fig. 81. — Emploi de l'allumoir à résistance. (On voit, en outre,
sur ce dessin, un écran-radiateur, un réchaud posé sur la
table et, dans le fond, un chauffe-assiettes).

très commode, est, en outre, plus économique que les
allumettes. Il absorbe, en effet, 100 watts environ. Chaque
allumage durant dix secondes au plus, un hectowatt-heure
(dont le prix moyen est de dix centimes) en fournit 400. Or,
pour le même prix de dix centimes, on n'a que 50 allumettes chimiques. Ces dernières coûtent donc huit fois plus
cher, même en les supposant toutes bonnes, ce qui n'est
guère admissible.

⁎ ⁎

La *cuisine à l'électricité* évitera bien des désagréments.
Pour s'en convaincre, il suffit de réfléchir un instant à l'in-
commodité du fourneau à charbon et aux complications
qu'il entraîne, même pour les préparations les plus insi-
gnifiantes.

S'agit-il, par exemple, de faire cuire un œuf à la coque,
il faut d'abord allumer le feu. Cette opération préliminaire
exige toute une collection d'accessoires : caisses ou tiroirs
pour les copeaux, le menu bois et le charbon ; pincettes,
pelles, tisonnier, tuya à main, soufflet et allumettes. Le
foyer une fois garni avec soin, on y met le feu et l'on pose
sur le combustible la petite cheminée à main destinée à
activer le tirage. En dépit de cette précaution, il arrive
souvent que la fumée envahit la cuisine : au risque de s'en-
rhumer, il faut ouvrir les fenêtres et établir un courant
d'air.

Quand le charbon est allumé, on place une casserole sur
le charbon en ignition. On s'aperçoit alors que la combustion n'est pas suffisamment active et il faut s'armer du soufflet : le résultat le plus certain est de soulever la cendre,
qui se répand sur le fourneau et dans les plats que l'on a
eu l'imprudence d'y laisser.

Comme le charbon se consume peu à peu, un moment
vient, si l'on n'y prend pas garde, où la casserole perd l'é-
quilibre, de sorte que l'eau se répand sur le foyer et l'é-
teint en partie.

On finit, cependant, par obtenir l'ébullition et, quand
l'œuf est cuit à point, on s'aperçoit que le fourneau est
plein de charbon bien allumé et brûlant désormais en pure
perte

Si, au lieu d'un œuf, on veut griller une côtelette, on a l'agrément de voir la graisse couler dans le foyer et servir de combustible, en répandant une fumée épaisse et un intolérable relent de graillon.

Avec le gaz, comme avec le pétrole, on a certainement

Fig. 82. — Cuisine électrique.

moins d'ennuis et plus de commodité. Mais la mauvaise odeur et le danger sont des inconvénients à considérer.

Dans la cuisine électrique (fig. 82), aucun risque d'incendie ou d'explosion à redouter, pas même un feu de cheminée. Il n'y a point d'air vicié, point de gaz délétère dégagé. La chaleur nécessaire est instantanément obtenue en tournant un bouton. Le degré de chaleur désiré est réglé par un commutateur très simple, qui fait varier l'intensité du courant. Le mets une fois cuit, le circuit est aussitôt rompu, évitant toute dépense inutile.

Le calorique, au lieu de s'échapper, en grande partie, par la cheminée, est utilisé en entier, car le foyer est complètement enfermé dans le socle de l'ustensile à chauffer.

Plus de cendres ni de poussière de charbon ; plus de fumée ni de suie qui viennent maculer les vêtements, salir les mains, souiller les plats.

Une fois réglés, l'intensité du courant et le degré de chaleur se maintiennent indéfiniment constants, sans exiger aucune surveillance. On conçoit aisément l'importance de cet avantage. Le pot-au-feu et les braisés doivent être main-

Fig. 83. — Cuisinière.

tenus à 95 degrés environ, quatre heures durant : si on les fait bouillir à gros bouillons pendant ces quatre heures, ils ne valent plus rien et on gaspille, absolument à tort, une quantité exagérée de calorique. En dehors même de ce cas particulier, il importe de pouvoir modérer la cuisson ou de l'accélérer, si besoin est. Ce réglage est difficile à obtenir

avec le gaz, l'aspect de la flamme pouvant fréquemment
induire en erreur. Avec le charbon, outre qu'il faut l'allumer une heure avant de commencer à cuisiner, il y a des
alternatives continuelles : tantôt la plaque est rouge, tantôt
le feu ne marche pas et généralement il n'est au point que
lorsqu'on a fini.

La cuisinière électrique représentée fig. 83 est munie de
trois commutateurs permettant de régler instantanément
l'intensité du courant et la température. La plaque supérieure peut servir à chauffer un plat ou une casserole quel-
conques. L'intérieur sert de rôtissoire. Pour cuire, par
exemple, un gigot, on fait d'abord passer le courant maximum et, lorsque la caisse est chaude, la pièce y est introduite. Au bout d'un quart d'heure, la viande est saisie à l'extérieur : on diminue alors de moitié l'intensité du courant,
en agissant sur les boutons extérieurs, et on laisse la cuisson
se terminer par une chaleur modérée. Cette façon de procéder donne les meilleurs résultats. La viande, vivement saisie, a une belle apparence ; l'albumine, subitement coagulée
à la surface de la chair, forme une croûte impénétrable au
jus intérieur, qui ne peut plus s'écouler, et la viande
perd ainsi un bon quart de son poids en moins que si elle
était cuite au charbon. En modérant ensuite la chaleur, on
laisse à cette dernière le temps de bien pénétrer jusqu'au
centre du morceau et de le ramollir tout entier sans en
calciner la surface.

Il est clair qu'un rôti ainsi obtenu, sans combustion ni
dégagement de gaz d'aucune espèce, ne saurait prendre
aucun goût désagréable et qu'il ne peut exhaler que le
meilleur fumet.

Toute la chaleur étant concentrée à l'intérieur de l'ustensile et ne rayonnant presque pas, la cuisine reste en toute

saison habitable et saine. Au besoin, rien n'empêcherait de
préparer les aliments, quelques-uns, tout au moins, dans
la salle à manger : il en résulterait, pour les ménages mo-
destes, la possibilité de se passer d'une servante.

Les figures 84 à 88 représentent divers ustensiles culinaires très légers et dont j'ai pu, personnellement, appré-
cier la commodité. Ils peuvent, sans inconvénient, être posés
sur la nappe — un insolant spécial empêche la chaleur de
rayonner en dessous — et reçoivent l'énergie au moyen
d'une prise de courant et d'un fil souple ; les poignées dont
ils sont munis permettent de les déplacer aussi facilement
qu'un petit réchaud.

Fig. 84. — Bouilloire.

Dans la bouilloire (fig. 84) le fil a été calculé pour atteindre 450 degrés ; avec 6 hectowatts, douze minutes suffisent
pour faire bouillir un litre d'eau. L'ébullition, une fois
obtenue, se maintient avec une chaleur très faible, car il

n'y a plus à augmenter la température et il suffit de l'entretenir. On peut alors diminuer, à l'aide d'un commutateur, l'intensité du courant.

Les casseroles et la poêle à frire (fig. 85) sont disposées de la même manière.

Fig. 85. — Poêle à frire.

Le gril dont je fais usage depuis quelque temps et que l'on voit reproduit, fig. 86, absorbe environ 500 watts.

Pour cuire à point un bifteck de dimensions moyennes, on laisse circuler le courant pendant trois minutes, à peu près, et la chaleur qui continue à se dégager suffit pour terminer complètement la cuisson. Au tarif de dix centimes l'hectowatt-heure, qui est un prix encore très élevé, la dépense ne dépasse pas trois centimes. Le réseau conducteur, composé de fils de maillechort noyés dans une masse de verre fusible à 800 degrés seulement, est disposé sous une plaque en tôle munie de rigoles aboutissant à un bec par lequel le jus peut s'écouler dans une assiette, sans qu'une seule goutte en soit perdue. Si l'on grille une côtelette, pas un atome de graisse ne s'enflamme en répandant une fumée âcre. Un quart d'heure après la suppression du courant, la plaque est encore brûlante et il n'est pas possible d'y poser la main sans se brûler. Par contre, le socle et les poignées n'atteignent jamais une température anormale.

Fig. 86. — Gril.

Le grille-pain représenté fig. 87 absorbe 150 watts. Sa plaque de chauffe présente une surface assez grande pour recevoir simultanément six tartines.

Le réchaud (fig. 88) est construit d'une façon analogue. Il suffit que le courant le traverse pendant deux minutes, pour qu'il conserve une chaleur suffisante durant tout le repas, de sorte que la consommation d'énergie est absolument insignifiante.

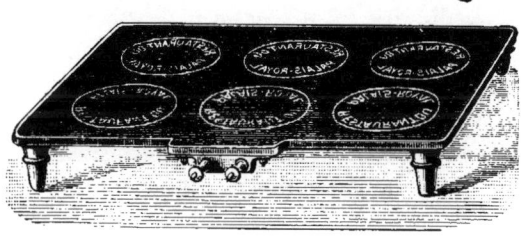

Fig. 87 — Grille-pain.

Le chauffe-assiettes présente le même aspect extérieur

que le chauffe-linge dont on a vu plus haut un croquis. **La boite en tôle** est seulement plus grande et peut **contenir** huit douzaines d'assiettes. La dépense atteint 16 hectowatts, mais peut être réduite, grâce à une double borne de **prise de courant.** Du reste, le degré de chaleur nécessaire, une fois obtenu, se maintient assez longtemps, ce qui permet de supprimer le courant au bout de quelques instants.

Fig. 88. — Réchaud.

M. Fernand Le Roy a proposé l'emploi de sa bûche électrique dans la cuisine. L'adaptation de cet appareil à un fourneau ordinaire serait facile et permettrait d'utiliser les anciennes batteries de cuisine, sans rien changer aux habitudes invétérées des cuisiniers. Pour régler la température, il suffirait de mettre dans le circuit un nombre plus ou moins grand de ces bûches. Il est certain que ce système simplifierait l'installation et la rendrait moins onéreuse. Mais, par contre, il ferait perdre quelques-uns des avantages procurés par les résistances métalliques **enfermées** dans les socles des ustensiles précédemment **décrits.** Le rendement calorique serait incontestablement moins parfait et la chaleur non utilisée rayonnerait dans l'appartement, dont la température ne tarderait pas à s'élever, fort mal à propos. Du reste, avant de se prononcer définitivement sur ce point, il conviendrait d'attendre que les bûchettes Le Roy aient fait leurs preuves.

Un premier essai de *cuisine au salon* a été tenté, il y a déjà plusieurs années — en 1893 — par le club électrique de Saint-Louis (Etats-Unis). Dans la séance expérimentale qui eut lieu, les invités remarquaient surtout les fours, d'une propreté inconnue jusqu'alors et d'un rayonnement thermique insensible. On avait mis, sur un four, un pot de fleurs, pendant qu'une tortue de six kilos mijotait au-dessous. Viande, pain, gâteaux, thé, café, tout fut préparé dans la salle de réception.

Un banquet analogue a été donné, en 1895, à Londres, par la Compagnie d'éclairage électrique de la Cité. Tous les mets y furent cuits électriquement. En ce qui touche la qualité de cette cuisine, on peut s'en rapporter à l'autorité du lord-maire, qui se déclara de tous points satisfait. Quant à la consommation de courant, elle fut de soixante kilowatt-heures et coûta vingt-cinq francs : il y avait cent vingt convives.

Le prix excessif auquel est vendue actuellement l'énergie électrique empêchera, pendant quelque temps encore, cette application d'atteindre le développement qu'elle mérite. Une publication scientifique américaine donnait récemment, en un tableau que nous reproduisons ci-après, le menu d'une famille pour toute une journée et la dépense correspondante, qui peut être prise comme moyenne. Le prix du kilowatt-heure est de cinquante centimes.

Dans les mêmes conditions, la préparation d'une tarte a

Mets	Ustensiles	Durée en minutes	Kilowatt-heures consommés	Dépense
	— *Déjeuner.* —			
Gâteau d'avoine.........	Fourneau N° 1 (5 ampères)....	50		
Café...................	— N° 2 (4 ampères)....	60	1,355	0,573
Bifteck................	Gril	20		
	— *Dîner.* —			
Rôti de bœuf...........	Four....................	74		
Pommes de terre.......		70		
Tarte..................		30		
Asperges..............	Fourneau N° 1	43	3,98	1,49
Café..................	— N° 2	27		
Rôties................	Gril	21		
	— *Souper.* —			
Cacao............	Fourneau N° 1	45		
Gâteaux de pommes de terre......	— N° 2	7	8,39	0,43
Omelette.............	Poêle à frire......	10		
	Total........			2,493

coûté 0 fr. 10 ; celle d'un pain, 0 fr. 30 ; celle d'un potage
pour six personnes, 0 fr. 22.

On voit que la question du prix de revient sera souvent
un obstacle à la généralisation de la cuisine électrique,
tout au moins pour la confection des mets exigeant une
très grande quantité de calorique. Par contre, la supériorité de l'électricité est incontes'able, lorsqu'il s'agit d'opé-
rations culinaires de courte durée : œufs au plat, omelette,
grillade, etc. Son emploie s'impose pour la préparation du
café ou du thé, surtout dans le salon, au moment du *five o'*
clock, car elle seule évite complètement le maniement du
charbon et des cendres, ou de combustibles dangereux,
tels que l'alcool ou le pétrole, et supprime toute odeur désagréable, sans produire un rayonnement thermique sensible. La consommation de courant est très réduite, car, pour
porter à l'ébullition l'eau d'une théière, la dépense ne peut
guère excéder cinq centimes. Au reste, en pareil cas, la
question de prix est à peu près complètement négligeable
et le confort prime tout.

Le courant est également utilisé pour donner aux cou-
veuses artificielles le degré de chaleur nécessaire. La
figure 89 montre de quelle façon la température de la couveuse est maintenue automatiquement constante.

La paroi inférieure de la chambre C est garnie d'une
sorte de matelas M, sous lequel est disposée une résistance
R échauffée par le passage du courant. Ce dernier actionne,
en outre, un électro-aimant E, dont l'armature peut ouvrir
ou fermer le circuit de la résistance calorique, selon le
degré de température. Pour cela, l'un des pôles de la
source d'électricité communique avec le réservoir d'un

thermomètre à mercure placé au centre de l'appareil.
L'autre pôle communique, après avoir parcouru le fil de
l'électro, avec une tige métallique T pouvant glisser à l'intérieur du tube thermométrique. La pointe inférieure de
cette tige peut être amenée en regard du degré de chaleur
que l'on veut obtenir, par exemple 33 degrés, comme l'in-

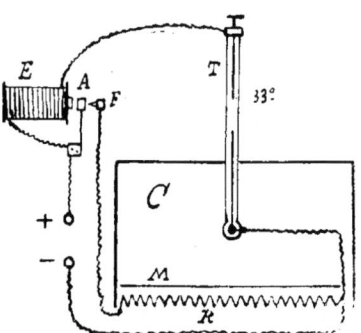

Fig. 89. — Couveuse.

dique notre dessin. Tant que la température reste au-dessous de ce chiffre, l'armature A, par l'effet de son élasticité, s'appuye sur le contact F, et ferme le circuit de la
résistance qui échauffe peu à peu l'air de la boîte. Aussitôt
que la température atteint 33 degrés, la colonne mercu-
rielle touche la tige T et ferme le circuit de l'électro qui,
attirant son armature, interrompt le courant dans la résistance R jusqu'au moment où le refroidissement ramène le
mercure au-dessous du point de contact.

Le réglage s'effectue d'une façon très régulière et absolument sûre. Ce mode de chauffage a, de plus, le grand
avantage de n'altérer en rien l'atmosphère de la couveuse

et de n'y introduire aucun gaz, aucun résidu, aucune émanation.

* * *

Dans presque toutes les applications que nous avons étudiées jusqu'ici, on utilise la chaleur produite par une résistance métallique. On a songé aussi à mettre à profit la haute température de l'arc voltaïque.

Des expériences exécutées naguère, en Allemagne, par M. Werner von Siemens, permettent d'espérer qu'un jour viendra où il n'y aura plus de saison pour l'horticulture. Une serre était éclairée, sitôt le soleil disparu, par deux puissants foyers à arc, de cinq mille bougies environ chacun. M. Siemens a obtenu des résultats surprenants : des pois semés en octobre purent être cueillis en février ; des framboises mûrirent en soixante-quinze jours ; des raisins, en deux mois et demi. Des couleurs particulièrement vives et un parfum exquis distinguaient tous ces fruits, qui contenaient, cependant, une quantité de sucre insuffisante. Cet inconvénient, auquel il sera, sans doute, possible de remédier, est dû à ce fait que la lumière électrique ne possède pas exactement les mêmes rayons chimiques que le soleil.

* * *

Toute médaille a son revers : les *cambrioleurs*, eux aussi, ont essayé d'utiliser la chaleur électrique, pour percer, en quelques instants, le coffre-fort le plus solide, dans les appartements où existe une distribution d'énergie électrique.

Théoriquement, l'opération n'est ni longue ni compliquée, et n'exige qu'un outillage des plus rudimentaires : deux fils conducteurs, un rhéostat, une baguette de charbon montée sur un manche isolant, une rondelle d'argile réfractaire — et c'est tout. Le procédé est bien simple.

L'un des fils de la canalisation générale est relié au coffre-fort ; l'autre communique, à travers le rhéostat, avec le charbon. Ce dernier est introduit dans l'ouverture de la rondelle réfractaire, qui a pour but de préserver l'opérateur de la lumière éblouissante et de la haute température de l'arc. Le charbon est mis en contact avec la paroi à percer, après quoi on l'en écarte un peu : l'arc jaillit aussitôt, dégageant une chaleur telle que l'acier entre immédiatement en fusion et coule.

En trois minutes, une porte d'acier trempé, épaisse de huit centimètres, a pu être ainsi percée de part en part, sans bruit aucun.

Il est vrai que, pour obtenir un tel résultat, un courant extrêmement intense — deux cents ampères environ — est nécessaire, et que, si l'installation est bien faite, les coupe-circuits ne permettront jamais de mener l'opération à bonne fin, car leurs lames fusibles seraient instantanément volatilisées, si elles étaient soumises à une pareille surcharge.

CHAPITRE V.

LES MOTEURS DOMESTIQUES

C'est sous la forme de force motrice que l'énergie électrique est appelée à rendre, dans la maison moderne, les services les plus variés, sinon les plus importants. Grâce à l'usage, de jour en jour plus répandu, des moteurs électriques de faible puissance, on peut disposer partout — et dans les buts les plus divers — d'un agent mécanique souple, docile, silencieux, propre et économique.

A cet égard, rien ne peut lutter avec l'électricité qui, seule, réalise le moteur domestique rêvé.

Le moteur à gaz a, sans doute, dans bien des cas, son utilité. Mais, dans les appartements, il ne saurait être employé. Il ne s'agit pas ici, en effet, de disposer d'un moteur unique transmettant son mouvement, par des courroies et des engrenages, à une série d'outils : il est indispensable d'avoir, disséminés un peu partout, une série de petits moteurs indépendants pouvant être mis, à n'importe quel moment et par n'importe qui, en fonctionnement immédiat.

Le moteur à gaz ne se prête pas à ces exigences. Sa mise en train n'est pas toujours facile à obtenir et nécessite la présence d'une personne exercée. Une fois le mécanisme

en marche, il serait imprudent de l'abandonner complètement, sans aucune surveillance. De plus, les explosions
successives du mélange détonant produisent un bruit continuel, incompatible avec la tranquillité que l'on est en droit
d'exiger dans son *home*. Ajoutez à cela l'odeur désagréable
résultant des émanations gazeuses qui se dégagent inévitablement, ainsi que les irrégularités de vitesse, dues aux
à-coups inhérents au principe même du fonctionnement
de la machine, et vous serez convaincu de l'impossibilité
où l'on est de recourir au gaz pour obtenir de la force
motrice chez soi. Enfin, il faut compter avec le danger
d'explosion, toujours possible, s'il existe une fuite ou si
l'on oublie de fermer un robinet.

Il en est exactement de même avec le pétrole.

Si l'on veut faire usage de l'eau sous pression ou de l'air
comprimé, il faut tenir compte des difficultés que créent
l'établissement et l'entretien d'une canalisation où la
moindre fissure peut avoir des conséquences graves. Du
reste, il est logique de préférer l'agent susceptible de recevoir le plus grand nombre d'applications et pouvant répon-
dre, avec le moins de complications, à tous les besoins. Or,
les canalisations d'eau ou d'air, ne servant ni à l'éclairage,
ni au chauffage, feraient inutilement double emploi avec
l'installation de l'électricité.

Le moteur électrique n'exige aucune surveillance; les
constructeurs le munissent d'ordinaire de paliers graisseurs
à bagues, qu'il suffit de remplir d'huile deux ou trois fois
par an. Il n'est pas encombrant, avantage qui a son impor.
tance dans les grandes villes, où l'espace est si mesuré et
payé si cher. N'importe qui peut le diriger : la mise en
marche et l'arrêt s'obtiennent instantanément, aussi facilement que l'allumage et l'extinction d'une lampe à incan-

descence. Il suffit de tourner un commutateur qui peut, au
besoin, être placé à une grande distance de la machine. La
même clé sert à graduer la vitesse : cette dernière, une fois
réglée, se maintient constamment uniforme, quel que soit
le travail à fournir, sans à-coup et sans bruit. Seule, une
légère trépidation accompagne le fonctionnement des
moteurs de grande puissance. Inutile d'insister sur la sécurité : elle est absolue.

L'économie que procure le moteur électrique résulte,
non seulement de la facilité de démarrage et d'arrêt, qui permet de limiter la dépense au strict nécessaire, mais aussi
du rendement exceptionnellement élevé que cet appareil
peut atteindre, lorsqu'il est bien construit, et qui lui permet
de restituer, à très peu près, la totalité de l'énergie dépensée. Sous ce rapport, le progrès réalisé depuis quelque
temps est manifeste. Il y a quinze ans, un moteur électrique
de deux ou trois kilowatts n'avait qu'un rendement inférieur
à soixante pour cent et pesait, au moins, trente à quarante
kilos par kilowatt. Aujourd'hui, le rendement dépasse parfois quatre-vingt-dix pour cent et le poids est réduit à quinze
kilos par kilowatt.

Pour la plupart des applications domestiques, on emploie
des moteurs de très faible puissance — un dixième de cheval et même moins — n'absorbant pas plus de courant
qu'une lampe de seize à vingt bougies. Avec ces petits moteurs, on ne saurait espérer un bien haut rendement, mais,
néanmoins, leur emploi n'est pas dispendieux. Le moteur
d'un seizième de cheval consomme quatre-vingt-douze
watts; celui d'un quart de cheval, trois cent soixante-huit
watts. Or, les secteurs électriques de Paris vendent le courant destiné à la force motrice à raison de soixante centimes le kilowatt-heure. A ce prix, la dépense, par heure,

est de 0 fr. 056 pour le moteur de 1/16 de cheval et 0 fr. 225
pour celui de 1/4 de cheval.

Le tarif parisien est encore assez élevé, mais, presque
partout ailleurs, les compagnies d'électricité réduisent, dans
de notables proportions, le prix de l'énergie électrique distribuée en vue de la force motrice. On en trouvera un
exemple dans le tableau ci-dessous, qui est extrait du tarif
de la Société Lyonnaise des Forces motrices du Rhône
(canal de Jonage).

Force en chevaux.	Prix du kilowatt-heure.	Prix du cheval-heure.
	fr.	fr.
1	0,28	0,20
5	0,24	0,17
10	0,20	0,15
20	0,14	0,10
30	0,12	0,09
50	0,09	0,06

Avec des prix aussi réduits, si l'on considère que la consommation est exactement limitée à la durée d'utilisation,
on reconnaîtra que l'emploi des petits moteurs domestiques, dont nous énumérons plus loin les principales applications, ne peut occasionner qu'une dépense insignifiante,
eu égard aux services rendus.

Avant d'examiner ces applications, il nous faut indiquer
rapidement la théorie du moteur électrique.

La transformation de l'électricité en travail mécanique
repose sur le principe de la *réversibilité* des dynamos. Lorsqu'on met en mouvement une machine d'induction, elle
donne naissance à un courant. Inversement, si l'on relie
ses bornes à une source d'électricité, l'induit se met à tourner et peut développer une force proportionnée à l'énergie
électrique absorbée.

Ainsi, la même machine est susceptible d'être utilisée,
soit comme génératrice, soit comme réceptrice ou moteur.

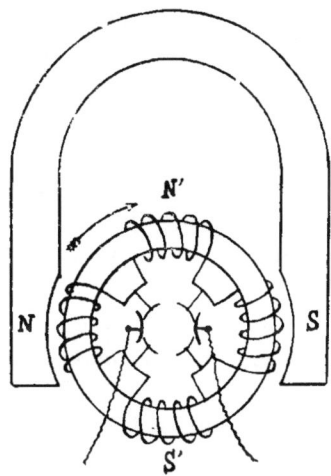

Fig. 90. — Principe du moteur électrique.

Ce phénomène s'explique aisément, si l'on se rappelle
l'action réciproque des aimants et des courants, les attractions et les répulsions que détermine leur influence
mutuelle.

Considérons, en effet, un anneau de Gramme, parcouru

par un courant et placé dans un champ magnétique NS
(fig. 90). Supposons que le sens du courant soit tel qu'il
détermine dans l'induit la polarité N' S' qu'indique notre
dessin. La partie de l'anneau où se manifeste le pôle nord
N' sera repoussée par le pôle de même nom N de l'inducteur
et attirée par le pôle de nom contraire S ; de même, le
pôle opposé de l'anneau, S', sera attiré par N et repoussé
par S, et l'anneau prendra le mouvement rotatoire indiqué
par la flèche.

A mesure que l'induit tourne, de nouvelles touches du
collecteur viennent recueillir le courant amené par les
balais, de sorte que la ligne des pôles induits N' S' conserve toujours la même position par rapport aux pôles
inducteurs NS.

On voit que, si l'on change le sens du courant dans
l'induit, la position des pôles N' S' sera intervertie et que
le moteur tournera à rebours. Les inducteurs étant presque
toujours constitués par des électro-aimants, il faut remarquer que, si on renversait le courant à la fois dans les
inducteurs et dans l'induit, il y aurait simultanément
inversion des pôles NS et N' S' et le sens de la rotation ne
serait pas changé.

En pratique, on obtient la marche en avant ou en arrière,
soit au moyen d'un commutateur-inverseur, qui agit ou sur
le circuit inducteur seulement ou sur le circuit induit et
jamais sur les deux à la fois, soit en *décalant* les balais de
180 degrés. Parfois aussi, on emploie deux paires de balais
servant, l'une à la marche en avant, l'autre à la marche en
arrière, et pouvant s'appliquer, au moment voulu, sur le
collecteur, en manœuvrant un levier. Au moteur est joint
un *rhéostat de réglage* (fig. 17. page 35) dont la manivelle
permet d'introduire. dans le circuit, des résistances plus ou

moins grandes, de façon à faire varier l'intensité du courant. L'une des touches sur lesquelles appuye la manette
constitue un *plot* nul qui correspond à la position d'arrêt.
Ce rhéostat ne sert pas seulement à graduer la vitesse : il
évite aussi de laisser passer, au moment du démarrage, un
courant trop intense. Lorsque le moteur a acquis sa vitesse
normale, il tend à agir comme génératrice et à produire un
courant de sens opposé à celui qu'il reçoit et qui empêche ce dernier de s'écouler en trop grande quantité : c'est
ce que l'on appelle la *force contre-électromotrice*. Or, au
moment du départ, cette force n'a pu encore se développer et si l'on n'avait pas soin d'intercaler une résistance,
le débit pourrait atteindre une intensité telle que les fils
seraient brûlés par un véritable court-circuit. C'est pourquoi le rhéostat est disposé de telle sorte que, lorsque la
manivelle quitte le plot nul, elle rencontre d'abord une touche correspondant au maximum de résistance, puis une
deuxième touche qui laisse passer un peu plus de courant,
et ainsi de suite, jusqu'à la dernière touche, qui laisse circuler directement le courant total, sans lui faire traverser
aucune résistance.

Il n'y a pas d'autre organe à manœuvrer que la poignée
de ce rhéostat : c'est dire que n'importe qui peut s'en
charger, sans posséder la moindre connaissance en électricité ni en mécanique.

Les applications domestiques du moteur électrique sont
déjà nombreuses : nous allons examiner les plus importantes.

* *

Les figures 91, 92 et 93 représentent des ventilateurs destinés, soit à renouveler l'air d'un appartement, soit à pro-

duire, pendant l'été, une agitation mécanique dont le
résultat est d'accélérer l'évaporation à la surface de l'épi-
derme et de procurer une sensation de fraîcheur, comme
le font les éventails et les *pankas*.

Fig. 91. — Ventilateur suspendu au plafond.

Il est recommandé, comme règle hygiénique de la plus
haute importance, à tous ceux qui sont voués aux occupa-
tions sédentaires, de ne travailler que dans des pièces de
grande capacité. Tout le monde, surtout à Paris, ne saurait
avoir un vaste cabinet de travail ; mais on peut suppléer à
l'exiguïté d'un appartement en le ventilant convenablement.

Les ventilateurs électriques peuvent être suspendus au
plafond, fixés contre un mur, posés sur une console ou
dissimulés dans une cheminée d'appel. Ils sont très légers,
peu encombrants, d'un prix très abordable et d'un emploi
économique, car la force dépensée est insignifiante (elle

varie entre $\dfrac{1}{12}$ et $\dfrac{1}{40}$ de cheval). Les ailettes tournent avec une
énorme vitesse : cette dernière atteint seize cents tours
par minute, et même davantage.

Fig. 92 Ventilateur appliqué.

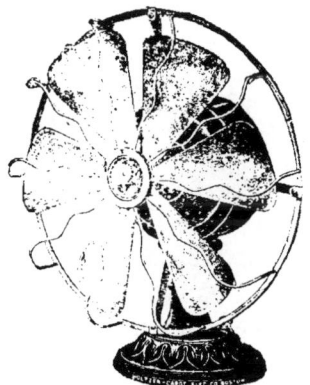

Fig. 93. — Ventilateur sur pied mobile.

Les pompes centrifuges actionnées électriquement sont

déjà très répandues. On peut les installer à l'endroit qui
convient le mieux et placer à distance le rhéostat de mise
en marche, si les dispositions du local l'exigent. Rien n'est

Fig. 94. — Pompe rotative.

plus facile que de faire varier la vitesse selon la hauteur
d'élévation, de façon à obtenir le meilleur rendement, car
il ne faut pas oublier que. si la pompe tourne trop lentement, elle se désamorce. tandis qu'une vitesse excessive est
loin d'augmenter le débit dans les mèmes proportions que
la dépense d'énergie.

La pompe représentée fig. 94, avec son moteur, n'est
pas encombrante et a sa place marquée dans toutes les
maisons où l'on dispose d'un puit ou d'une citerne, soit
qu'il s'agisse de faire monter l'eau jusqu'au plus haut
étage, soit que l'on veuille actionner un ascenseur mixte,
comme nous le verrons tantôt.

Des pompes à air peuvent être, de même, accouplées à
un moteur électrique pour actionner des souffleries d'or-
gues, évitant le *louage* dispendieux d'une personne chargée
de manœuvrer les soufflets.

Dans un atelier d'amateur, le tour électrique que nous

reproduisons, fig. 95, est d'une grande utilité. Pendant sa
marche, le mécanisme est protégé contre les copeaux et
les poussières par une boîte que notre dessin montre ra-

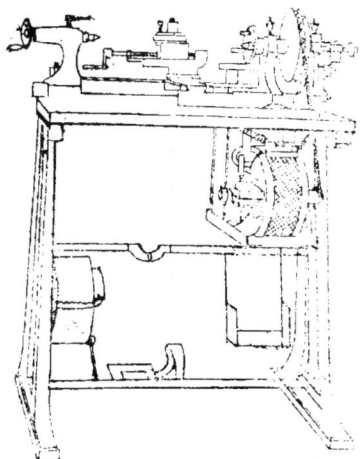

Fig. 95. — Tour d'amateur.

battu. Une courroie transmet le mouvement aux poulies
du tour. Le rhéostat, placé dans la partie inférieure, est
commandé par une pédale. Un simple mouvement du pied
suffit pour mettre en marche, pour arrêter ou pour faire
varier la vitesse.

La marche de la machine à coudre (fig. 96) est également réglée au moyen d'une pédale qui agit sur un petit
rhéostat. Cette disposition est particulièrement commode,
car elle laisse à la couturière les deux mains libres pour
diriger son travail. Le moteur se fixe, au moyen d'une vis
de serrage, sur la tablette de la machine : on peut juger de
ses dimensions minuscules par la place qu'il y occupe.

Fig. 96. — Machine à coudre.

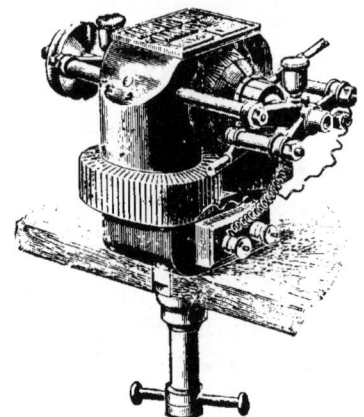

Fig. 97. — Moteur de la machine à coudre.

On le voit reproduit à une plus grande échelle dans le dessin suivai t, qui montre plus clairement le mode de fixation
sur la tablette. Le démarrage et l'arrêt s'obtiennent instantanément, d'un coup de pédale ; en appuyant plus ou
moins sur ette dernière, on règle la vitesse à volonté. Une
force de trois kilogrammètres est suffisante ; la consommation ne dépasse pas celle d'une lampe de dix bougies.

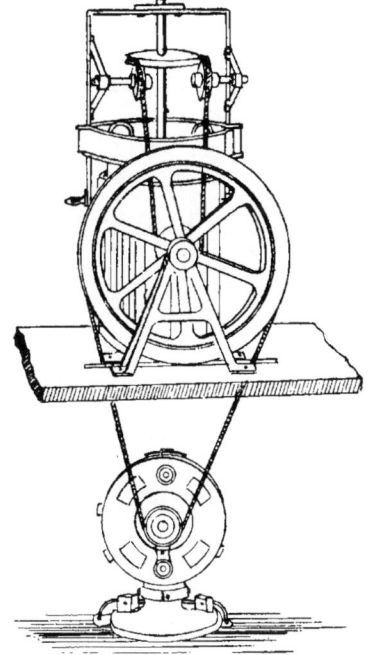

Fig. 98. — Baratte électrique.

La figure 98 représente un modèle de baratte électrique.
Le mouvement du moteur est transmis, par l'intermédiaire

de courroies et de poulies, aux palettes qui agitent le lait et
le transforment en beurre.

Une disposition analogue permet de fouetter une crème
à la Chantilly, ou de battre des œufs. Il serait possible d'actionner, de même, dans un mortier *ad hoc*, le pilon servant
à confectionner la mayonnaise, et le Midi connaitra peut-
être un jour *l'aïoli électrique*.

La figure 99 montre le fonctionnement d'une brosse à
frotter les parquets. Le moteur, relié à la canalisation générale par une prise de courant montée sur fil souple, actionne
une brosse circulaire et la fait tourner très rapidement. Le

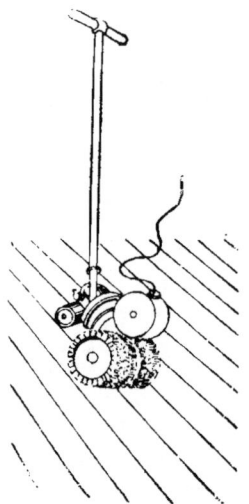

. Fig. 99. — Brosse à parquets.

domestique n'a qu'à promener ce petit chariot, au moyen
du long manche dont il est muni, dans la salle à balayer
ou à cirer. Le moteur absorbe 185 watts ; son emploi est

peu coûteux, car la rapidité du nettoyage évite toute perte de temps et diminue le prix de la main-d'œuvre, en permettant de restreindre le personnel domestique. Inutile de louer des frotteurs robustes, peinant des heures entières pour faire reluire les parquets : un enfant peut être chargé de ce soin et s'en acquitter sans fatigue.

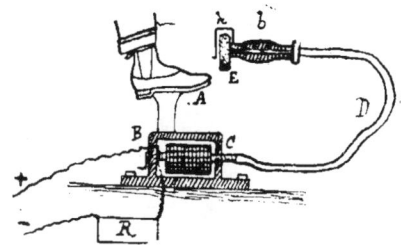

Fig. 100. — Cire-bottes Gardner.

M. Gardner, de Boston, avait imaginé, en 1887, un cire-

Fig. 101. Brosses actionnées par un moteur Fabius Henrion }

bottes électrique dont nous donnons un croquis rudimen-

taire (fig. 100). Au-dessous de la pédale A est disposé un
petit moteur électrique B C, dont la vitesse peut être réglée
à l'aide d'un rhéostat R. Le moteur actionne, par l'intermédiaire d'un arbre flexible D, une brosse circulaire E,
dont on dirige le mouvement en tenant dans la main la
poignée b. Une capote h empêche la poussière de se répandre alentour par l'effet de la force centrifuge et arrête les
éclaboussures de cirage·

Un autre modèle, à deux brosses, est reproduit fig. 101.

On a construit aussi des lits d'enfants lentement bercés
par l'électricité ; un mécanisme analogue actionne un
balance-cuvette, dans certains laboratoires de photographes
amateurs. Enfin, mais ceci est une innovation malheureuse,
un progrès à rebours, des pianos mécaniques, accouplés à
de petits moteurs, peuvent faire entendre de la musique(?)
pendant des heures et des journées entières, avec une constance infatigable, au grand ennui des invités et au désespoir
des voisins.

Le besoin de confortable, qui s'affirme de plus en plus,
rend indispensable l'installation d'un ascenseur dans les
hautes maisons que l'on construit de nos jours. Aux ascenseurs hydrauliques que l'on établissait jusqu'en ces derniers temps, les ascenseurs électriques tendent partout à
se substituer. Ce changement est motivé par des raisons
plus sérieuses qu'un simple désir de nouveauté. Outre
qu'il évite la pluralité des canalisations (le courant pouvant
servir à bien d'autres applications), le moteur électrique
permet de réaliser une économie notable.

L'ascenseur hydraulique est coûteux à installer. On sait,
en effet, qu'il nécessite le forage d'un puits dont la pro-
fondeur dépasse la hauteur de l'édifice à desservir et qui
doit recevoir un cylindre en fonte dans lequel se meut le

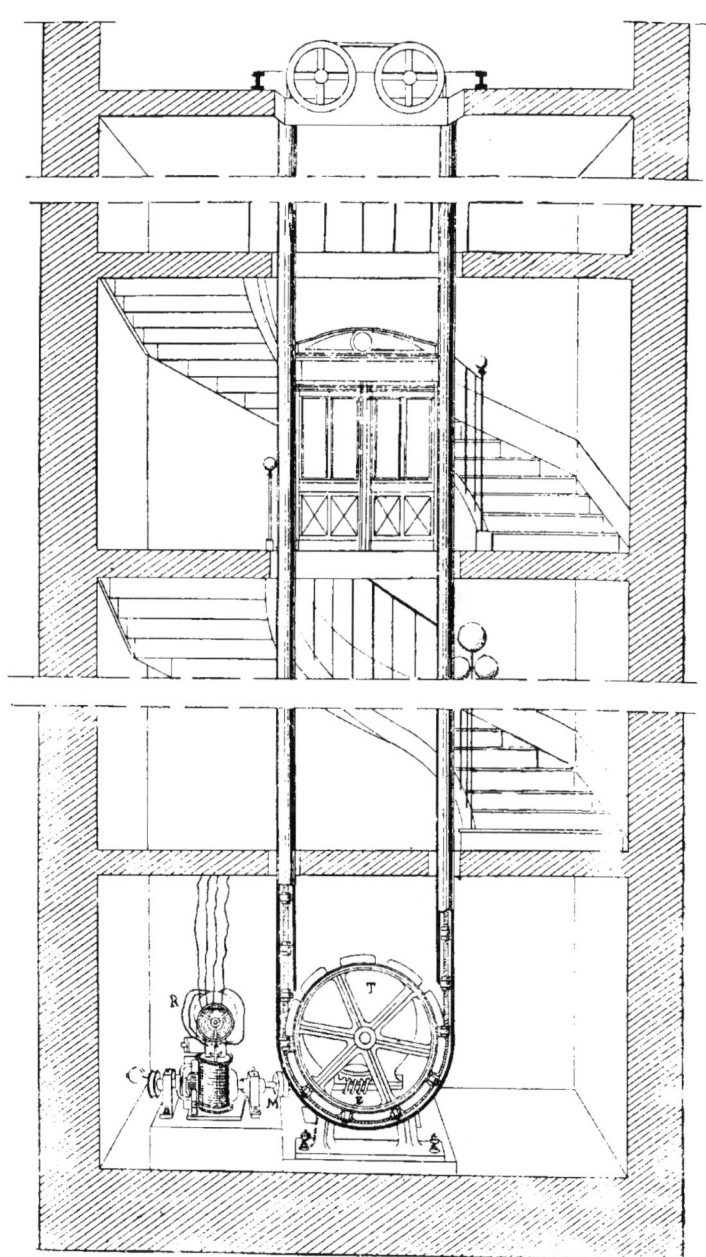

Fig. 102 Ascenseur électrique.

piston supportant la cabine. L'assemblage des joints doit être fait avec le plus grand soin, si l'on veut éviter les fuites de l'eau sous pression qui fait marcher le mécanisme.

Avec l'ascenseur électrique, il ne faut ni puits ni conduites hydrauliques. Un local en sous-sol, de deux mètres de côté sur deux mètres de hauteur, suffit à l'aménagement du treuil et du moteur, et les frais d'établissement sont beaucoup moins élevés — toutes choses égales d'ailleurs — que ceux nécessités par le montage hydraulique.

La figure 102 montre la disposition générale d'un ascenseur électrique et le fonctionnement du treuil. Le moteur électrique commande, par l'intermédiaire d'un manchon d'accouplement M et d'une vis sans fin E, le tambour T autour duquel passe la corde soutenant la cabine. Cette corde passe dans deux colonnes creuses disposées verticalement du bas en haut de l'escalier ; elle est munie d'olives en bois qui s'engagent dans les encoches du treuil, de façon à éviter tout glissement. Un commutateur, placé dans la cabine, distribue le courant dans le rhéostat de manœuvre R et permet de monter, de descendre et de s'arrêter, au moment voulu.

L'économie que l'on trouve dans l'installation existe aussi dans le fonctionnement. Un ascenseur hydraulique dont la cabine contient trois personnes et dessert six étages, consomme à peu près 275 litres par course, occasionnant, au prix de soixante centimes le mètre cube, une dépense de 0 fr. 165 par ascension. Un ascenseur électrique d'égale puissance ne dépense que 0 fr. 025 par course, au tarif de quarante-cinq centimes le cheval-heure, et réalise, par conséquent, une économie de quatre-vingt cinq pour cent.

L'avantage est donc manifestement en faveur de l'installation électrique.

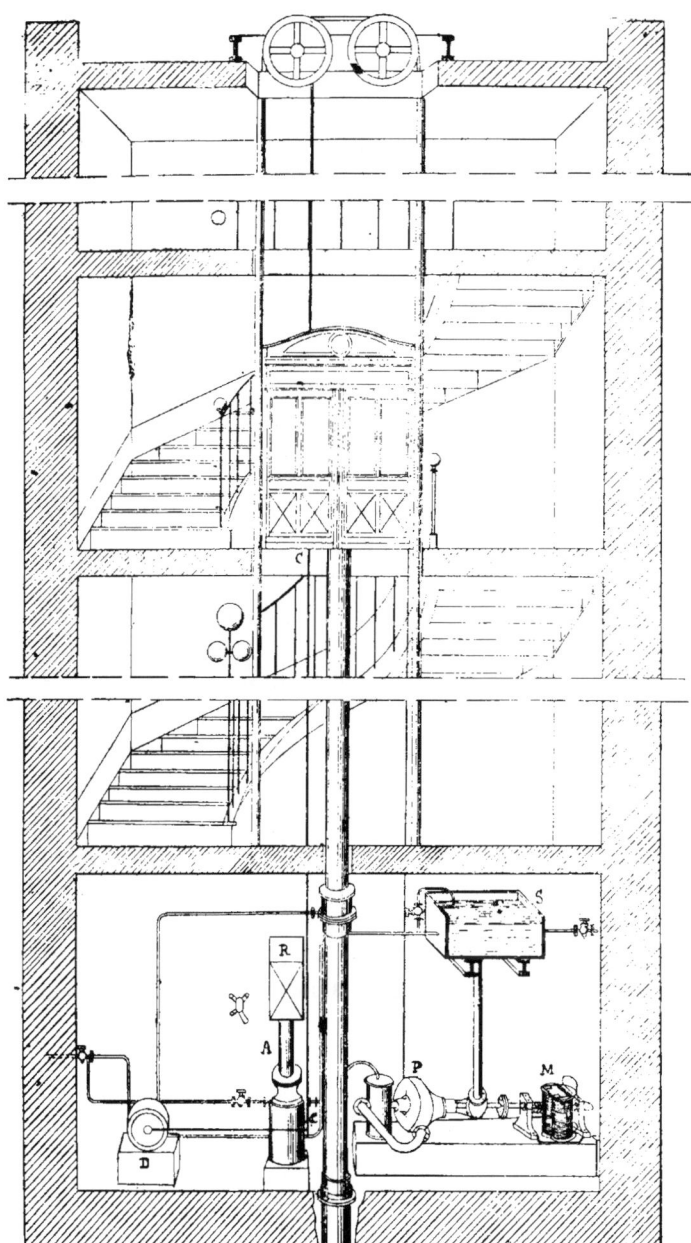

Fig. 103 — Ascenseur hydro-électrique

Dans le cas où un ascenseur hydraulique est déjà établi
et où l'on veut éviter une transformation complète et assez
onéreuse, on peut opérer une modification utile, car elle
économise les frais résultant de la consommation de l'eau
sous pression.

La figure 103 fait comprendre la disposition adoptée. Une
pompe rotative P, actionnée par un moteur électrique M,
refoule dans un distributeur D l'eau nécessaire au fonctionnement du piston qui supporte la cabine. Cette eau est
puisée dans un réservoir S. En tirant la corde C, on ouvre
le distributeur ; l'automoteur A, qui commande le rhéostat
R, descend et ferme le circuit du moteur. L'eau est alors
refoulée sous le piston, qui fait monter la cabine. Cette
dernière s'arrête aussitôt que l'on ferme le distributeur.

A la descente (produite par la manœuvre inverse de la
corde) l'eau est refoulée dans le réservoir S et la même
provision peut resservir pendant fort longtemps.

Cette transformation réduit à 0 fr. 045 le prix de chaque
ascension totale. Elle réalise donc sur l'ascenseur exclusivement hydraulique, une économie importante, qui permet d'amortir en peu de temps la dépense.

Ce système mixte reste pourtant plus onéreux que l'ascenseur purement électrique. Un rapport, présenté le 29
octobre 1896 à l'assemblée générale de la société anonyme
d'éclairage électrique du secteur de Clichy par son conseil
d'administration, établit que les ascenseurs à treuil électrique consomment, en moyenne, pour dix-sept francs de
courant par mois, tandis que les ascenseurs hydro-électriques en consomment pour trente-cinq francs. Cette différence provient, sans doute, de la résistance opposée par
l'eau à la circulation forcée qu'on lui imprime à travers les
compresseurs des ascenseurs mixtes, résistance d'où ré-

sulte inévitablement une perte de rendement plus ou moins élevée.

D'autres genres d'ascenseurs ont été combinés.

On a essayé, notamment, une sorte de plate-forme montant, à la façon d'un funiculaire, le long de l'escalier, à cet effet pourvu de rails, et suivant toutes ses sinuosités. On a réalisé aussi « l'escalier qui marche », constitué par un plancher mobile, incliné et garni de baguettes pour que les pieds ne glissent pas. Ce plancher est une sorte de courroie sans fin reposant sur des galets et enroulée sur deux tambours, dont l'un est mis en mouvement par un moteur électrique. Ainsi entraîné, le plancher monte, avec les rampes d'appui dont il est muni. C'est, en somme, un ascenseur continu. Il peut être utile en des endroits où circule un public nombreux, tels que les magasins du Louvre, à Paris, dans lesquels fonctionne depuis quelque temps une installation de ce genre, et le pont de Brooklyn, en Amérique, où un escalier mobile peut transporter plus de dix mille personnes par heure. Mais, dans une maison privée, si vaste soit-elle, l'ascenseur ordinaire suffit largement aux besoins de tous et a l'avantage de s'arrêter au moment voulu, laissant aux personnes les moins ingambes tout le temps de pénétrer dans la cabine ou d'en sortir, tandis que l'escalier qui marche sans jamais s'arrêter nécessite forcément une certaine agilité que tout le monde ne saurait avoir.

Outre les ascenseurs, il existe des monte-charges constitués par un treuil électrique autour duquel s'enroule un câble ou une chaîne supportant une benne destinée à recevoir les objets que l'on veut monter.

Dans son installation modèle, dont nous avons déjà parlé, le professeur Werner von Siemens a fait établir, entre sa cave, sa cuisine et sa salle à manger, un véritable petit che-

min de fer dont les wagons, actionnés au moyen d'accumulateurs, servent de monte-plats et de monte-bouteilles.

On peut aussi, comme l'a fait M. Gaston Menier, disposer,
entre l'office et la table de la salle à manger, une petite
voie ferrée sur laquelle circule un train minuscule, représenté fig. 104. Une plate-forme oblongue, sur laquelle peuvent être placés des assiettes, des plats ou des couverts, est
soutenue par deux wagonnets. L'un de ces véhicules, que
l'on voit à droite de notre gravure, est pourvu d'un moteur

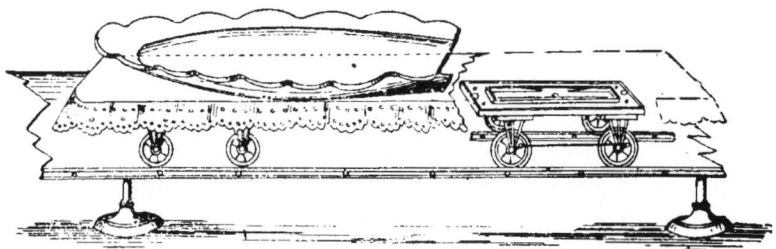

Fig. 104. — Chemin de fer électrique de table.

électrique. Le courant, produit par une pile ou par une
batterie d'accumulateurs, est amené par les rails, soigneusement isolés l'un de l'autre, jusqu'aux roues qui le transmettent aux balais du moteur. La voie court tout le long
de la table et la marche du train est réglée de la façon la
plus simple par le maître de la maison qui a, à portée de
sa main, un commutateur grâce auquel le train peut aller
en avant, en arrière, apporter de l'office les plats et les assiettes, s'arrêter successivement devant chaque convive,
attendre que celui-ci se soit servi pour aller à un autre,
puis, chargé des plats vides et des assiettes sales, retourner

à l'office pour reparaitre bientôt après, apportant de nouveaux plats.

L'écartement des rails est de 11 centimètres environ ; la
plate-forme a 75 centimètres de longueur et 22 de largeur.
Le moteur est du genre Siemens et les quatre roues du
boggie sont couplées par des bielles, pour augmenter l'adhérence. Le train pèse 7 kilos à vide et peut porter 25
kilos. La vitesse, réglable au moyen du commutateur, peut
varier entre dix centimètres et un mètre par seconde.
L'énergie absorbée ne dépasse pas vingt watts. C'est dire que
la dépense est insignifiante et bien inférieure à celle que
nécessiterait l'emploi d'un domestique. On conçoit aisément la commodité d'un service ainsi organisé et le caractère d'intimité que peut offrir un repas où les convives ont
la certitude d'être complètement à l'abri des indiscrétions
d'un maitre d'hôtel ou d'un serviteur quelconque.

CHAPITRE VI

L'ASSAINISSEMENT

Il ne suffit pas que la maison moderne soit confortable et que tout y soit disposé pour en rendre le séjour agréable. On exige aussi — et avant tout — qu'elle satisfasse aux prescriptions les plus rigoureuses de l'hygiène.

La lutte acharnée que la science contemporaine a entreprise contre les microorganismes et les maladies innombrables qui en résultent, s'est déjà affirmée par d'importantes transformations sanitaires. C'est ainsi que, dans la plupart des grandes villes, le *tout à l'égout* a été substitué aux fosses fixes ou mobiles et aux appareils filtrants qui, jadis, causaient tant d'épidémies. Les logements, mieux aérés, sont abondamment pourvus de l'eau nécessaire aux ablutions quotidiennes, au nettoyage des appartements et des ustensiles de cuisine ou de toilette, aux *chasses* violentes qui assurent l'évacuation des détritus. Malheureusement, cette eau arrive souvent contaminée et constitue, dès lors, un dangereux véhicule de germes morbides, si l'on ne prend pas la précaution de la stériliser.

Le lecteur a déjà vu comment l'électricité améliore, dans nos demeures, les conditions hygiéniques de la vie, en fournissant la lumière, la chaleur et la force motrice sans vicier l'atmosphère et sans mêler à l'air que nous respirons des produits incommodes ou toxiques, tels que l'acide car-bonique, la vapeur d'eau et l'oxyde de carbone. Mention a été faite des ventilateurs, grâce auxquels l'air frais peut affluer dans chaque pièce, au moment voulu.

Mais l'électrolyse permet de réaliser plus complètement l'assainissement des habitations. On a constaté qu'en faisant passer un courant dans de l'eau de mer, naturelle ou arti-ficielle (cette dernière consiste en une dissolution aqueuse de chlorure de sodium et de chlorure de magnésium), on obtient un liquide dont les propriétés désinfectantes sont remarquables.

Voici, en effet, ce qui se passe dans l'électrolyte, lorsqu'y circule le courant.

L'eau et les chlorures sont décomposés. Sur l'anode, se forme un composé oxygéné du chlore, très instable et doué d'un pouvoir oxydant énergique, qui en fait un antiseptique puissant. Sur la cathode, un oxyde se produit, qui a la propriété de précipiter certaines matières organiques, et notamment l'albumine.

Le liquide ainsi électrolysé est utilisé, soit pour clarifier l'eau, en précipitant les matières albuminoïdes qui la trou-blent, soit pour tuer les germes infectieux qu'elle peut con-tenir, soit encore pour détruire les gaz délétères, malsains ou irrespirables, comme l'hydrogène sulfuré, le sulfhy-drate d'ammoniaque et les carbures d'hydrogène.

Ce stérilisant possède, en outre, le pouvoir de neutrali-ser les mauvaises odeurs ou de les atténuer, tout au moins. Il est lui-même complètement inodore, à l'inverse de la plupart des autres antiseptiques. Ces derniers répandent, en effet, presque tous, une odeur insupportable et irri-

tante qui en prohibe l'usage continuel dans les appartements.

M. Hermite, inventeur de cette méthode d'assainissement
par le courant, proposait d'électrolyser de grandes quantités d'eau de mer, naturelle ou artificielle, en des stations
centrales qui distribueraient à domicile le liquide désinfectant, canalisé dans des conduites venant aboutir aux
maisons des divers abonnés.

Ce projet, trop compliqué, n'a jamais été mis à exécution.
Le procédé suivant, plus rationnel, peut être facilement
appliqué dans la *maison électrique*.

Un réservoir contient le liquide à électrolyser, composé
de la façon que voici :

Eau......................	1.000
Sel marin................	30
Chlorure de magnésium.....	6

Lorsqu'on veut employer cette dissolution, un robinet
permet de la faire passer dans une série de tubes en fonte
galvanisée communiquant avec le fil négatif de la canalisation électrique et contenant des lamelles de platine, ou de
métal platiné, reliées au conducteur positif. A mesure que
le liquide circule dans ces tuyaux, il s'électrolyse et, à sa
sortie, il est immédiatement prêt à servir.

Cet antiseptique, inodore et d'un grand pouvoir désinfectant, est, en outre, fort peu coûteux. On comprend les
services qu'il peut rendre et quel préservatif il fournit contre la contagion, lorsqu'il est employé au nettoyage des
parquets, du linge des malades, des éviers et, en un mot,
de tout ce qui est exposé à être contaminé.

Grâce au chlore qu'il contient et qui est, on le sait, un
décolorant énergique, on l'utilise aussi pour blanchir, rapi-

dement et sans l'endommager, le linge préalablement les-
sivé.

Ses propriétés désodorisantes autant que désinfectantes
le font employer dans les cabinets d'aisance, dont l'assainissement laisse si souvent à désirer, malgré le tout à
l'égout, les chasses d'eau et le siphonnage.

L'électrolyseur est alors disposé comme le montre la
fig. 105.

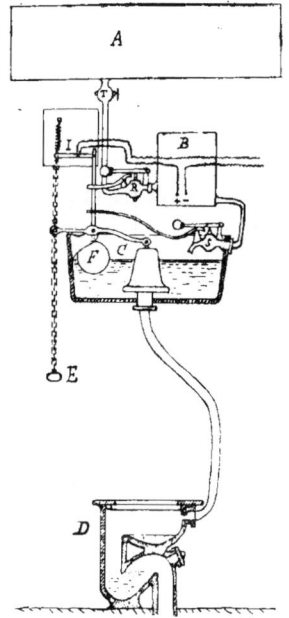

Fig.105. — Electrolyseur de water-closet.

La caisse A contient le mélange indiqué plus haut et
communique, par le tuyau T R, avec le récipient B, dans
lequel passent les tubes de fonte et les lames de platine

constituant les électrodes. De ce récipient, l'électrolyte se
déverse dans le réservoir de chasse C où il ne tarde pas à
atteindre le niveau qu'il ne doit point dépasser. A ce moment, le flotteur F ferme les robinets R et S, et l'écoulement du liquide d'un récipient dans le suivant s'arrête ; le
flotteur interrompt, en outre, le passage du courant par le
commutateur I. Lorsqu'on tire la chaîne E, le siphon du
réservoir C s'amorce et le commutateur I ferme le circuit.
Le mélange désinfectant se précipite dans la cuvette D et y
produit une chasse énergique. En même temps, le flotteur
F descend et ouvre les robinets R et S, ce qui a pour effet
de renouveler la provision de liquide. Un robinet à main
T sert à régler l'écoulement de A en B.

Il résulte des expériences faites, en 1894, par le docteur
J. de Christmas, que dix grammes de matières fécales sont
stérilisées, en moins d'une heure, par un demi-litre d'électrolyte. Des essais exécutés à Brest par le docteur Alain Piton,
professeur de médecine à l'école navale, ont montré que la
stérilisation des bactéries et des toxines s'effectue beaucoup
plus rapidement : il faut cinq à dix minutes, suivant le
degré de concentration du liquide, pour une culture pure de
bacille cholérique ou typhique, et quinze minutes pour le
subtilis sporulé.

La *Stanley electric Company*, de Philadelphie, a imaginé
une autre manière de stériliser les eaux, basée sur la réduction des matières organiques par l'oxyde de fer.

L'eau est introduite dans l'électrolyseur, dont les anodes
sont en fer et les cathodes en charbon. Une partie de l'eau
est décomposée et l'oxygène qui se dégage sur l'électrode
en fer se combine avec le métal. L'oxyde ainsi formé réduit
les matières organiques et flotte à la surface, puis s'écoule

par un tuyau de surverse. L'eau est ensuite décantée et filtrée.

Dans le procédé Webster, appliqué en Angleterre depuis plusieurs années, on emploie les mêmes électrodes — fer et charbon — mais une cloison porcuse les sépare. Il paraît que, les eaux contenant presque toujours des chlorures, il se produit, au pôle positif, du chlore et de l'acide hypochloreux qui oxydent et stérilisent les matières organiques ; sur le pôle négatif se forment de la soude, de la potasse et de l'ammoniaque qui précipitent les sels de magnésie et de chaux.

Un savant hollandais, le baron de Tyndal, a proposé un système tout différent. Au lieu d'avoir recours à l'électrolyse, il utilise une chasse d'air électrisé par un courant dont la tension varie entre 10.000 et 30.000 volts. Aussitôt que l'eau impure est soumise à l'action du jet électrisé, les microbes qui y pullulaient sont désorganisés. Le liquide, jaunâtre et trouble au début, ne tarde pas à devenir limpide sous l'influence de l'ozone qui le traverse.

Ce procédé a été essayé, en 1895, à l'exposition d'hygiène du Champ-de-Mars. Le docteur Roux, qui assistait aux expériences, les déclara absolument concluantes. Pas la moindre trace de germes infectieux : la stérilisation complète était indéniable.

CHAPITRE VII

DU PAIEMENT DE L'ÉNERGIE ÉLECTRIQUE

Les applications qui font l'objet des chapitres précédents utilisent, en général, l'énergie distribuée par les stations centrales. Avant d'aborder l'étude des appareils qui fonctionnent au moyen des piles, nous allons examiner de quelle façon l'usine électrique fait payer à ses abonnés le courant qu'elle leur fournit.

Dans une installation aussi complète que celle que nous avons en vue, le contrat à forfait serait trop aléatoire.

L'usine distribue, en effet, l'énergie sans interruption et l'abonné a la faculté d'en consommer à toute heure, selon ses besoins, tantôt pour un éclairage très restreint, tantôt pour un éclairage abondant, tantôt pour le chauffage, la cuisine, la mise en marche d'une pompe, d'un ventilateur, d'une machine à coudre, d'un ascenseur, etc. Le débit, loin d'être régulier, est, au contraire, caractérisé par des variations continuelles, dont les causes multiples ne peuvent être prévues.

Il n'est donc pas possible d'évaluer à l'avance l'importance de la consommation dans telle ou telle maison et il ne serait pas pratique de laisser, nuit et jour, le courant à la libre disposition de l'abonné, moyennant une somme fixée une fois pour toutes. Appliqué aux installations domestiques, ce genre de taxe serait presque toujours ou trop onérereux pour le consommateur, ou insuffisamment rémunérateur pour la station.

Le seul moyen capable de donner satisfaction aux deux parties contractantes est de faire payer la quantité d'électricité réellement consommée et accusée par un compteur.

Les limites étroites de ce chapitre ne nous permettent pas d'entreprendre une étude approfondie des diverses méthodes proposées pour établir la dette de l'abonné envers la station. Ce sujet a, d'ailleurs. été traité à fond dans une monographie que nous lui avions consacrée (1) et nous ne pouvons en donner ici qu'un aperçu sommaire. en décrivant succinctement les principaux instruments dont les indications servent de base à l'application du tarif.

*\
* *

Le *compteur Elihu Thomson.* représenté fig. 106, constitue un véritable petit moteur électrique. L'inducteur est formé de deux bobines à gros fil juxtaposées et mises en série dans le circuit de l'installation à contrôler. L'induit. parcouru par une dérivation, est composé de huit bobines en fil fin aboutissant à un collecteur en argent sur lequel s'appuient deux balais argentés très flexibles. L'arbre vertical sur lequel est fixé cet induit engrène. par une vis sans fin, avec une série de roues dentées commandant les aiguilles d'un totalisateur à cinq cadrans.

Le passage du courant fait tourner le moteur avec une vitesse proportionnelle à l'intensité du débit. Cette vitesse

(1) *Les Compteurs d'électricité.*

est régularisée par un frein magnétique, que l'on voit dans
le bas de la gravure. Un disque en cuivre, monté sur le
même axe que l'induit, tourne entre les pôles rapprochés d'un
ou de plusieurs aimants, et les courants d'induction, qui se
développent par l'effet de la rotation, ont pour résultat de
ralentir le mouvement et de le maintenir constamment pro-

Fig. 106. — Compteur Thomson.

portionnel à l'énergie absorbée. Le moteur tourne ainsi
d'autant plus vite que le courant est dépensé en plus grande
quantité et les cadrans du totalisateur indiquent le nombre
de watt-heures consommés.

Une capote métallique protège le mécanisme ; elle est
munie d'une lucarne vitrée laissant voir les cadrans.

*
* *

Le *compteur Aron* se compose essentiellement de deux
pendules de longueurs égales (fig. 107). Le pendule de
gauche est terminé par un poids en laiton ; celui de droite
porte à son extrémité un barreau d'acier aimanté. Au-dessous de cet aimant est un solénoïde à axe vertical parcouru par le courant à mesurer.

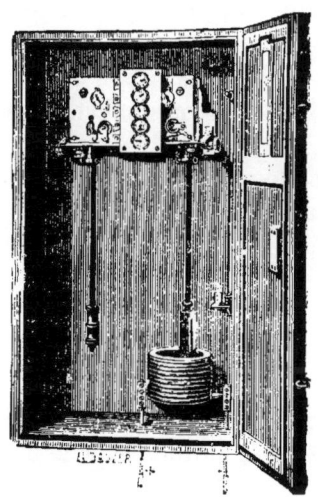

Fig. 107. — Compteur Aron.

Tant que le circuit est ouvert, les deux pendules, soumis
uniquement à l'action de la pesanteur terrestre, oscillent
avec la même vitesse. Mais, dès qu'un courant traverse le
solénoïde, l'attraction produite sur le barreau aimanté
s'ajoute à la pesanteur pour faire osciller plus rapidement
le pendule à aimant. On sait, en effet, que la durée d'oscil-

lation d'un pendule d'une longueur déterminée dépend de la force qui l'actionne.

L'augmentation de vitesse résultant de l'attraction électromagnétique peut être considérée comme pratiquement proportionnelle à l'intensité du courant qui parcourt le solénoïde, et il suffit, pour connaître le débit, d'enregistrer la différence de vitesse des deux pendules.

A cet effet, chacun des deux pendules commande un mouvement d'horlogerie distinct, que l'on a soin de remonter une fois par mois. Ces mouvements sont reliés par un train d'engrenages différentiel qui totalise, sur une série de cadrans, les différences de durées d'oscillations des deux pendules et, par suite, la consommation d'énergie électrique.

Dans un autre modèle, l'aimant est remplacé par une bobine de fil fin recevant une dérivation de la ligne et se déplaçant à l'intérieur d'un solénoïde horizontal à gros fil.

*
* *

M. *Cauderay* a imaginé un compteur basé sur le principe suivant.

L'aiguille d'un ampèremètre se déplace devant un cylindre dont l'axe reçoit d'un mouvement d'horlogerie une vitesse uniforme. La surface cylindrique porte un certain nombre de dents ou chevilles disposées comme celles des cylindres à musique et réparties de la façon que voici :

Supposons le cylindre divisé en plusieurs tranches correspondant à la graduation de l'ampèremètre. Quand l'aiguille de ce dernier est à zéro, elle se trouve en face d'une tranche complètement dépourvue de dents. Lorsqu'elle marque 1 ampère, elle est en regard d'une tranche sur le pourtour de laquelle il n'y a qu'une seule dent. La **tranche**

correspondant à 2 ampères est garnie de deux dents ; celle
qui correspond à 3 ampères en porte trois, et ainsi de suite.

Or, chaque fois que l'aiguille rencontre une dent, un mécanisme très simple fait avancer d'un cran l'aiguille des
unités d'un totalisateur. Dans ces conditions, si nous supposons le cylindre faisant un tour par seconde, l'aiguille
progressera d'une unité par seconde lorsque l'intensité sera
de 1 ampère, de deux unités quand elle sera de 2 ampères, etc. et les chiffres indiqués par le cadran représenteront
les coulombs consommés.

En pratique, on adopte des unités plus grandes que le
coulomb, par exemple le myriacoulomb, ou bien l'ampère-
heure, ce qui permet de réduire la vitesse du cylindre.

Le mouvement d'horlogerie est actionné électriquement,
et non pas au moyen d'un ressort moteur. Les remontages
périodiques sont ainsi évités.

Cet appareil a été perfectionné récemment par M. Frager.
Il donne des indications précises, mais il est un peu compliqué dans ses détails et assez délicat.

Le *compteur Grassot* est fondé sur un phénomène d'électrolyse. Le diagramme ci-joint en explique le fonctionnement. (fig. 108).

Un fil d'argent *f*, exactement calibré et dont l'extrémité
inférieure a été taillée en forme de cône, est placé dans
une position verticale et repose sur une plaque de verre *a*
noyée dans une solution de nitrate d'argent. Un poids *p*,
guidé dans un tube de verre, appuie sur le fil et le sollicite
à descendre. Le courant amené au fil d'argent par un ressort *s*, traverse le liquide et sort par une électrode en
argent *c*.

Cet ensemble constitue une cuve électrolytique, dont le fil f est l'anode et la plaque c la cathode. Dès que le courant circule, le fil s'use par sa pointe inférieure d'une quantité proportionnelle au débit. Un galet G, appuyé contre le fil et entraîné par son mouvement de descente, commande une aiguille i se déplaçant devant un cadran C a gradué en ampères-heures.

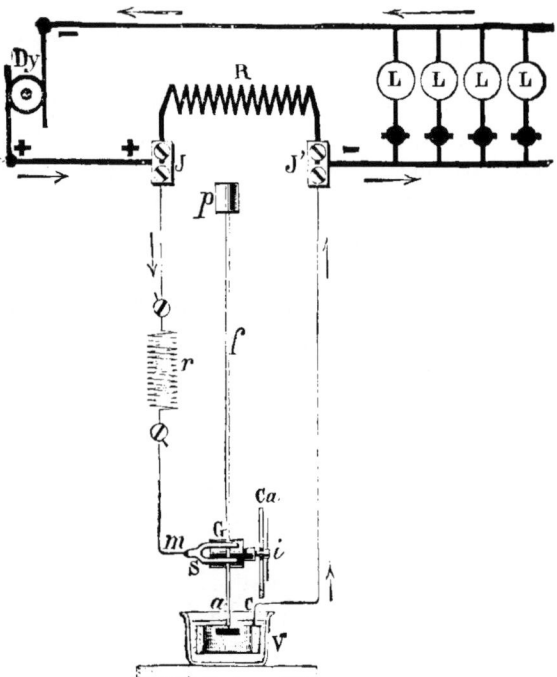

Fig. 108. — Compteur Grassot.

En réalité, on ne fait traverser le fil d'argent que par une fraction déterminée du courant. Pour cela, entre les bornes

J et J' on dispose une faible résistance R et, en dérivation sur cette résistance, on place la cuve électrolytique et une résistance additionnelle *r*. Le courant se partage alors entre les deux circuits dans le rapport inverse des résistances R et *r* ; la graduation du cadran est établie en conséquence. On évite ainsi une usure trop rapide du fil d'argent, dont le remplacement, lorsqu'il est devenu trop court, ne donne d'ailleurs lieu qu'à une dépense de 0 fr. 25.

L'un quelconque des appareils qui précèdent peut indiquer, avec une approximation suffisante, la somme d'énergie consommée, lorsque cette dernière est soumise à un tarif unique, quelles que soient sa destination (éclairage, chauffage ou force motrice) et l'heure de la journée où l'abonné en fait usage. Mais il n'en est pas toujours ainsi et certaines stations centrales sont amenées à établir deux ou trois tarifs différents, suivant que la consommation du courant a pour objet l'éclairage, le chauffage ou la force motrice.

Pour éviter, dans ce cas, l'emploi de deux ou trois compteurs, chacun pour un genre de consommation particulier, on a songé à faire enregistrer par un seul mécanisme et, sur le même cadran, la dépense de l'énergie distribuée à des prix différents.

Le dispositif imaginé par M. Cooper, et appliqué au compteur Thomson, est des plus simples. Une seule dérivation est prise sur la ligne, mais elle est divisée dans le compteur en autant de circuits qu'il y a de tarifs et chacun de ces circuits traverse des bobines inductrices combinées de telle façon que l'effet moteur produit par une quantité d'électricité déterminée soit proportionnel au tarif corres-

pondant. Dans ces conditions, il suffit que les différents circuits soient séparés l'un de l'autre à partir du compteur,
pour que leurs dépenses respectives s'ajoutent sur le même
cadran, avec leur valeur propre.

Si l'on utilise, par exemple, dans le même local, l'éclairage à 0 fr. 10 l'hectowatt-heure et la force motrice à
0 fr. 05. les deux dépenses, faites ensemble ou séparément,
seront toujours enregistrées selon leur valeur exacte sur le
même appareil, d'où la nécessité d'un seul branchement
extérieur et d'un seul compteur, là où il en aurait fallu
deux ou plusieurs.

Parfois aussi, le tarif change, non plus avec l'objet de la
consommation, mais suivant l'heure de la journée. L'importance des capitaux engagés oblige, en effet, les compagnies
d'électricité à utiliser leur matériel sans interruption,
autant que possible, et, pour obtenir une utilisation suffisante de ce matériel, elles consentent fréquemment à faire
bénéficier d'une certaine réduction de prix la consommation effectuée pendant les heures de faible débit. Dans ce
but. on peut adjoindre, à l'un des compteurs que nous avons
décrits, un *régulateur Hermand*.

Cet appareil a été construit surtout dans le but de produire. automatiquement et à des heures déterminées, l'allumage et l'extinction de lampes à forfait. Il consiste en un
mouvement d'horlogerie analogue à celui des réveille-
matin ; le cadran porte deux aiguilles de réglage, l'une
blanche et l'autre noire : la première est amenée en regard
de l'heure fixée pour l'allumage et la seconde sur l'heure
de l'extinction. Appliqué aux tarifs variables, l'instrument
est disposé de la manière indiquée fig. 109, où on le voit
combiné avec un compteur Thomson.

Dans le circuit en dérivation de l'induit est intercalée

une résistance additionnelle RAD calculée de façon à produire, sur le moteur un ralentissement proportionné à la réduction du tarif pendant la journée. Pendant les heures de plein tarif, un contact, produit par le mouvement d'hor-

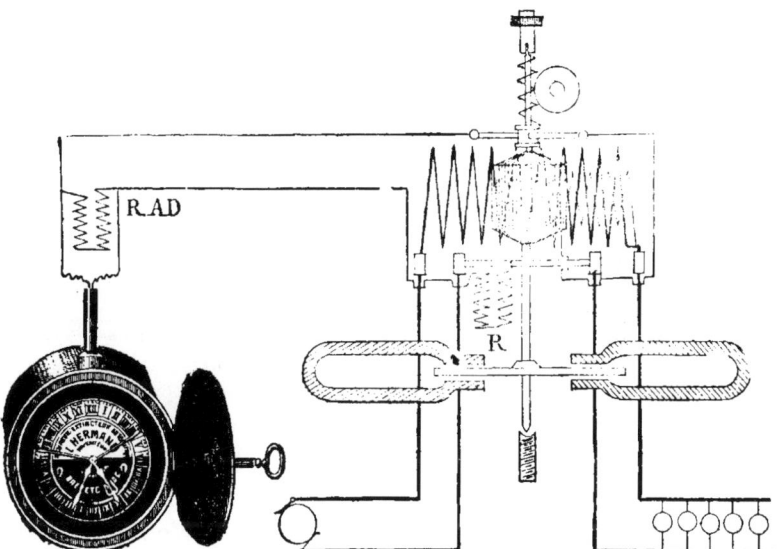

Fig. 109. — Régulateur Hermand.

logerie, met la résistance additionnelle en court-circuit et le compteur fonctionne alors avec sa vitesse normale. Les heures de plein tarif et de tarif réduit sont déterminées par le réglage des deux aiguilles, absolument comme les heures d'allumage et d'extinction en cas d'abonnement à forfait.

L'avantage que les usines électriques trouvent dans l'utilisation aussi complète que possible de leur matériel a donné lieu à d'autres combinaisons. Tantôt, l'abonné bénéficie d'un rabais proportionné à sa dépense annuelle ; tan-

tôt, un minimum de consommation est exigé pour chaque
lampe installée, de façon à assurer une certaine recette ;
tantôt, enfin, le tarif change selon le rapport existant entre
l'importance de l'installation et le chiffre de la consommation. Le mécanisme exact de ces tarifs variables ou décrois-
sants exigerait, pour être analysé d'une façon complète, des
explications trop longues et trop compliquées pour trouver place dans cet exposé forcément superficiel.

* *
*

Malgré les instruments de contrôle dont on vient de lire
la description, il peut arriver qu'un abonné de mauvaise
foi parvienne, à l'aide de diverses supercheries, à com-
mettre des fraudes au préjudice de la compagnie. Quelle
est la sanction qu'il encourt en pareil cas, soit qu'ayant
traité à forfait, il devance l'heure réglementaire de l'allumage ou recule celle de l'extinction, ou, encore, emploie
des lampes plus puissantes que celles prévues au contrat,
soit que, soumis au régime du compteur, il branche divers
appareils avant l'instrument de contrôle, ce dernier ne pouvant plus, dès lors, enregistrer la consommation effectuée
de la sorte ?

Il est hors de doute qu'un préjudice est ainsi occasionné
à la station et que celle-ci est fondée, lorsque les faits in-
criminés sont établis, à réclamer une indemnité proportionnée au dommage souffert. De même, le simple bon
sens suffit pour faire admettre qu'il y a là un véritable vol
et que les peines édictées contre les auteurs de ce genre de
délit sont manifestement applicables en l'espèce. Il s'est
trouvé cependant des avocats pour soutenir que l'électricité
ne pouvait faire l'objet d'un larcin, sous le prétexte, au
moins naïf, qu'il s'agissait d'une chose *impondérable* (!) et,

s'il faut en croire un article du *Velo*, un tribunal allemand aurait pu admettre un système de défense aussi fantaisiste, oubliant qu'une quantité déterminée de courant, facile à mesurer, correspond à un poids aisément appréciable de combustible et à une certaine part dans les frais généraux d'exploitation, dans les salaires du personnel, l'intérêt et l'amortissement du capital engagé, etc. — toutes choses qui sont loin d'être impondérables et sans valeur. Au surplus, voici la reproduction pure et simple de l'article en question :

« Une cour de justice d'Allemagne vient de décider « qu'on ne peut pas voler l'électricité, ou plutôt que s'ap- « proprier ou employer à son profit l'électricité d'autrui « ne constitue pas un vol.

« Un nommé Berstein a été arrêté sous l'accusation d'a- « voir volé plusieurs ampères de courant, détournés de la « canalisation principale d'une compagnie d'éclairage élec- « trique, dans le but d'actionner un moteur. La cour a « décidé qu'on ne pouvait voler « qu'un objet palpable et « transportable ». En conséquence, Berstein a été acquitté. « Donc, il appert de cette sentence stupéfiante que la pro- « priété électrique n'est pas une propriété ! »

Tout commentaire serait superflu. D'ailleurs, l'opinion contraire a aisément prévalu et le jugement rendu le 1er décembre 1896, par le tribunal de Troyes, a fixé, sur ce point, la jurisprudence française, qui n'a pas varié depuis. Cette décision est toujours invoquée dans les procès simi- laires et, à ce titre, nous croyons devoir en dire un mot.

Les employés de la station électrique de Troyes s'éton- naient, depuis longtemps, de voir les différents compteurs, placés chez l'inculpé et changés à plusieurs reprises comme ne fonctionnant pas, ne marquer qu'un chiffre insignifiant de lumière dépensée.

Un jour, enfin, profitant de l'absence de l'abonné, un agent s'aperçut que le courant était détourné au moyen d'un fil qui ne passait pas dans l'instrument de contrôle. Procès-verbal fut dressé et, malgré les démarches tentées en vue d'une transaction, l'affaire suivit son cours.

La question fut discutée de savoir si une chose que l'on reçoit à domicile, comme l'électricité, peut être volée. Voici en quels termes les juges statuèrent :

« Attendu qu'il résulte de l'information et des débats la preuve que, depuis moins de trois ans, à Troyes, X... s'est approprié, au préjudice de la compagnie d'électricité, une certaine quantité de force électrique, en rattachant à ses propres fils ceux de la compagnie, de façon à empêcher le courant de traverser le compteur ;

Attendu que la compagnie qui, en l'espèce, fournissait le matériel jusqu'au compteur exclusivement, doit être considérée comme n'ayant mis l'électricité à sa disposition qu'à partir du compteur ;

Que celui-ci en s'appropriant le courant avant son entrée dans le compteur appréhendait frauduleusement la chose d'autrui et commettait le délit puni par l'article 401 du Code pénal ;

Qu'il y a lieu cependant de faire à l'inculpé l'application de l'article 463 du Code pénal relatif aux circonstances atténuantes :

Vu les dits articles lus à l'audience par M. le Président, déclare X... coupable du délit ci-dessus spécifié et lui faisant application des articles précités et des articles 52 du Code pénal et 194 du Code d'instruction criminelle, le condamne par corps à *deux cents francs* d'amende.

Et statuant sur les conclusions de la partie civile, condamne X... à payer à la Compagnie Nationale d'électricité la somme de *cinq cents francs*, à titre de dommages-intérêts. Le condamne, en outre, aux dépens. »

L'année suivante, une affaire analogue était soumise à l'appréciation du tribunal de Toulouse. La défense essayait de soutenir que l'électricité, étant un fluide répandu dans la nature, constituait une *res nullius*, c'est-à-dire une chose n'appartenant à personne, pouvant être utilisée, mais non pas devenir une propriété privée et, par suite, qu'elle n'était point susceptible de vol.

Cette thèse fut repoussée, avec raison, par le tribunal qui jugea qu'une chose commune à tous peut prendre le caractère d'objet privé « par la transformation qui l'a rendue utilisable ou par l'augmentation de valeur que le travail lui a donnée ; que dès lors celui qui la soustrait frauduleusement commet incontestablement l'infraction définie par l'article 379 du Code pénal ; que ces principes sont applicables à l'électricité servant à l'éclairage, accumulée d'abord à l'usine par des procédés industriels et coûteux et distribuée ensuite par des fils aux abonnés suivant les conditions de leur contrat. »

Cette jurisprudence est, d'ailleurs, conforme à celle qu'a admise la Cour de cassation, en matière de distribution d'eau. Un arrêt, rendu, le 10 décembre 1887, par la Cour suprême, décide, en effet, que « l'eau du canal de l'Ourcq... distribuée à titre d'abonnement par la compagnie des Eaux... est devenue la propriété de la compagnie au moment où celle-ci l'a recueillie dans les réservoirs ou les tuyaux établis par ses soins » et que, par suite, celui qui s'est emparé, « à l'aide d'un moyen frauduleux, d'une certaine quantité d'eau, dont il se dispensait de payer le prix, a soustrait la chose d'autrui. »

Enfin, un arrêt de la cour de Lyon, du 4 juillet 1890, déclare que « quelle que soit la nature de l'électricité au point de vue scientifique, il est certain qu'elle ne peut se développer et être utilisée pour l'éclairage que par un travail de mise en œuvre qui est nécessaire pour la rendre propre à cette destination et qui a réellement pour effet de la transformer en un produit industriel ayant une valeur vénale et marchande. »

CHAPITRE VIII

I. — Sonneries.

Parmi toutes les applications domestiques de l'électricité, la sonnerie est, sans contredit, la plus universellement répandue. On ne peut s'en étonner, si l'on songe à tous les inconvénients inhérents aux anciens moyens d'appel.

Les sonnettes primitives étaient mises en jeu par des fils de fer transmettant le mouvement imprimé à un cordon ou à une poignée. Ces fils étaient munis, dans tous les angles, de leviers coudés impossibles à dissimuler ; des trous assez larges devaient être percés dans les murs, pour les laisser fonctionner librement. De fréquentes ruptures, dues à la rouille ou à la rétraction par les grands froids, nécessitaient des réparations coûteuses. Enfin, pour peu que la cloche fût éloignée, il fallait déployer une certaine force pour la mettre en branle.

Rien de pareil avec les sonnettes électriques. De très petits conducteurs, recouverts de soie ou de coton colorés comme la tapisserie de l'appartement traversé et, au besoin, dissimulés sous les tentures, sont fixés à demeure. Ils suivent toutes les sinuosités des cloisons, montent d'un étage à

12

l'autre, traversent les jardins et transmettent, à n'importe quelle distance, l'appel lancé en appuyant légèrement sur un bouton. Les piles qui fournissent le courant nécessaire n'exigent presque point d'entretien et ne consomment leur énergie qu'au moment précis où le timbre résonne, de sorte que la dépense est inappréciable. L'installation est, en outre, très simple, peu coûteuse, et n'importe qui peut en venir facilement à bout.

La sonnerie électrique la plus généralement employée est la sonnerie dite à *trembleur*. La figure 110 en explique le mécanisme. MM est un électro-aimant à deux branches dont l'armature de fer doux A est montée sur une lame d'acier flexible fixée en *f* et terminée, en K, par une petite boule constituant le marteau du timbre G. Au repos, la lame élastique appuie sur une vis de contact *c*.

Lorsqu'on ferme le circuit, en manœuvrant un interrupteur tel que ceux décrits plus loin, le courant, arrivant par la borne *a*, traverse l'électro, puis gagne la lame élastique et la vis *c*, pour sortir enfin par la borne *b*. L'armature, aussitôt attirée par l'électro, entraîne avec elle le marteau, qui vient frapper le timbre. Mais, en même temps, le déplacement de l'armature ayant rompu le contact de cette dernière avec la vis *c*, le courant ne peut plus passer, de sorte que l'électro se désaimante et que le marteau revient en arrière par l'effet de l'élasticité de la lame d'acier. Le contact est alors rétabli, d'où nouvelle attraction, et ainsi de suite. Ces mouvements alternatifs se succèdent avec rapidité et les chocs précipités du marteau sur le timbre produisent une sorte de roulement caractéristique. La vis *c* est maintenue dans sa meilleure position (facilement obtenue

après quelques tâtonnements) au moyen d'un contre-écrou.

Dans certains cas, le timbre est remplacé par une cloche,
ou bien par un grelot, ou encore par un petit tambour, ou
même par une simple planchette en bois de gaïac.

Le bruit strident qui résulte des chocs réitérés du mar-

Fig. 110. — Sonnerie à trembleur.

teau fait souvent sursauter et certaines personnes nerveu-
ses ne peuvent le supporter. Le *timbre chantant*, de M. Guerre,
est exempt de cet inconvénient, car il produit un son musi-
cal continu.

Sous un timbre en acier (fig. 111) est dissimulé un électro-
aimant dont les pôles sont très rapprochés des parois vibran-
tes. Une petite pointe de platine amène le courant au timbre,
qui le transmet à l'électro par sa tige de support.

Dès qu'on ferme le circuit, le bord du timbre est attiré
et le contact est interrompu : le timbre reprend alors sa
première position et rétablit le contact. Les parois du timbre agissent ainsi de la même façon que le trembleur décrit
plus haut, mais la rapidité des vibrations donne un son
continu, que l'on amplifie en enfermant l'appareil dans une
caisse de résonnance en bois mince.

La *Trompette Zigany* est fondée sur un principe identique.

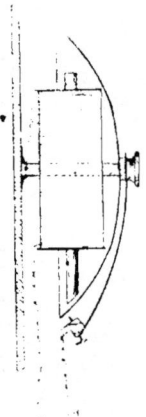

Fig. 111. — Timbre chantant.

Dans cet instrument (fig. 112), l'armature d'un électro-
aimant est fixée au centre d'une membrane métallique. La
pointe d'une vis appuie sur l'autre face de la membrane ;

le courant passe de l'électro sur la membrane et sur la vis. L'attraction de l'armature supprime le contact entre la vis et la membrane, qui revient à sa position primitive en rétablissant le contact, etc. Comme dans le timbre chantant, la continuité du son est ici due uniquement à la très grande

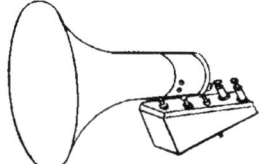

Fig. 112. — Trompette Zigang.

rapidité des mouvements de la plaque vibrante. On peut, dans une certaine mesure, faire varier la hauteur du son par un simple réglage de la vis de contact.

Un cylindre de laiton terminé par un pavillon protège les

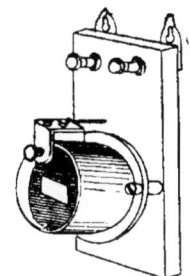

Fig. 113. — Sirène Zigang.

organes de la trompette et contribue, en outre, à renforcer le son.

La *Sirène Zigang* (fig. 113) fonctionne de la même façon et produit seulement des appels plus puissants, pouvant être entendus d'assez loin. Elle exige aussi une pile plus forte (huit éléments Leclanché, au lieu de deux ou trois).

Le tintement prolongé de la sonnerie peut présenter, en certains cas, divers inconvénients que l'on évite en employant une disposition telle que le marteau ne frappe qu'un seul coup à chaque émission de courant.

Le modèle à trembleur de la figure 110 est facile à transformer dans ce but. Il suffit de relier le point *d* directement avec la borne *b*, de sorte que le courant n'ait plus à passer par la vis *c*.

La figure 114 représente un modèle spécialement construit

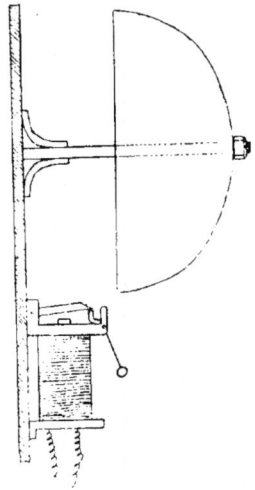

Fig. 114. — Timbre à un coup.

pour que le marteau frappe énergiquement le timbre. Le signal se composant, en effet, d'un coup unique, il convient que celui-ci soit assez intense pour éveiller l'attention.

Le marteau n'est pas solidaire de l'armature : il est fixé

sur la branche la plus longue d'un levier dont l'autre bras
est commandé par l'armature d'un électro-aimant vertical.
Cette disposition permet au marteau d'acquérir une grande
vitesse, avant d'arriver jusqu'au timbre, et de frapper très
vivement ce dernier. Il n'y a ni ressort ni vis de contact
pouvant se dérégler.

Parfois, au contraire, il faut que le timbre continue à
résonner sans interruption, alors même que l'on a cessé

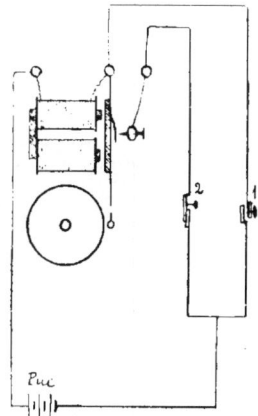

Fig. 115. — Sonnerie à action prolongée.

d'appuyer sur le bouton d'appel, et cela jusqu'à ce que la
personne appelée arrête le tintement.

A cet effet, on ajoute à une sonnerie ordinaire une troisième borne reliée à l'armature mobile et on établit les
connexions indiquées fig. 115. La vis de contact est reculée
à une très petite distance de l'armature. L'interrupteur 1,
manœuvré par l'appelant, est un bouton d'appel ordinaire,
comme ceux que nous allons bientôt décrire : il ne laisse
passer le courant qu'au moment où on le pousse. L'autre (2)

fonctionne en sens inverse, c'est–à-dire n'interrompt la communication entre les deux bouts du conducteur fixés à ses bornes qu'au moment où la personne appelée en pousse le bouton.

Dans ces conditions, si l'on presse le bouton 1, l'armature est attirée par l'électro et ne s'en éloigne que lorsqu'on cesse d'envoyer le courant. Mais alors, en vertu de sa vitesse acquise, l'armature vient toucher la vis de contact et, à partir de ce moment, la sonnerie retentit d'une façon ininterrompue, grâce au courant passant par le fil 2, jusqu'à ce que la personne appelée supprime un instant la communication, au moyen de l'interrupteur 2, en ayant

Fig. 116. — Sonnerie électro-magnétique.

soin d'attendre que les oscillations du marteau soient bien arrêtées.

On construit également des sonneries continues actionnées par un mouvement d'horlogerie déclenché au moyen d'un

électro-aimant. Une très courte émission de courant suffit
pour que le timbre résonne jusqu'à ce qu'on vienne arrêter le marteau. Mais il faut, pour cela, un mécanisme assez
compliqué et coûteux, présentant, en outre, l'inconvénient
d'exiger le remontage périodique du ressort moteur.

Les sonneries électro-magnétiques, ou sonneries *polari-
sées* fonctionnent sans pile et sont actionnées au moyen de
courants d'induction alternatifs.

Elles se composent (fig. 116) de deux timbres GG' entre
lesquels oscille un marteau K monté sur un barreau d'acier
aimanté A. A droite et à gauche de ce barreau sont les
pôles *rr'* d'un électro-aimant MM'. Selon le sens du courant

Fig. 117. — Transmetteur Abdank-Abakanowicz.

qui parcourt les bobines, l'armature se porte à droite ou à
gauche et le marteau vient heurter alternativement les deux
timbres.

Le bouton d'appel et la pile sont remplacés par un transmetteur spécial, qui constitue un véritable générateur
magnéto-électrique. La figure 117 montre le modèle inventé

par Abdank-Abakanowicz. Une bobine d entoure une tige
de fer doux pouvant osciller entre les branches d'un aimant a. Si l'on saisit la poignée e qui termine la tige
mobile et qu'après l'avoir écartée de sa position d'équilibre
f, on l'abandonne brusquement, la bobine, vibrant rapidement entre les pôles magnétiques, sera le siège de courants

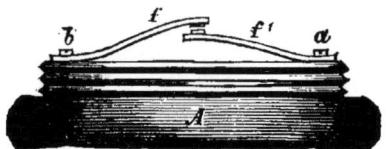

Fig. 118. — Ressorts de contact.

d'induction alternatifs, qui mettront en mouvement le
marteau de la sonnerie.

Dans tous les autres systèmes, le courant est produit par

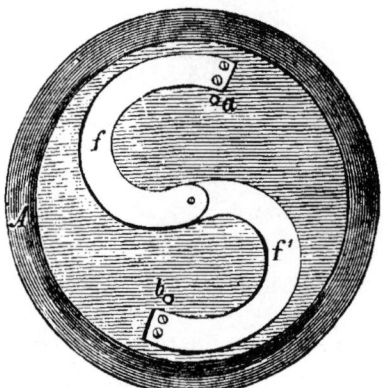

Fig. 119. — Ressorts de contact.

une pile et lancé dans la sonnerie au moyen d'interrupteurs,
dont la disposition peut varier suivant les cas.

On fait surtout usage de *boutons d'appel* (fig. 118, 119 et 120).

Sur un socle en bois, en porcelaine ou en ivoirine A, sont fixées deux lames métalliques flexibles *f f'* dont les extrémités aboutissent l'une au-dessus de l'autre, avec un petit intervalle entre elles. L'un des conducteurs reliant la pile à la sonnerie est interrompu et les deux bouts sont fixés, en *a* et *b*, à chacune des lames élastiques. Le socle est

Fig. 120. — Bouton de pression.

muni d'un couvercle dont le centre est traversé par un bouton d'ivoire ou de porcelaine *c*. En appuyant sur ce bouton, la lame supérieure est ameneé en contact avec la lame inférieure ; le circuit est fermé et la sonnerie retentit.

Fig. 121 . — Poire d'appel.

Dès qu'on cesse d'appuyer, les lames reprennent leur position primitive et le courant ne passe plus.

Le bouton d'appel se fixe contre les murs ou sur les
tables ; on en dispose souvent plusieurs sur la même planchette, chacun correspondant à une sonnerie distincte ;
dans ce cas aussi, on fait usage d'une sorte de clavier dont
chaque touche constitue un interrupteur.

Dans les salles à manger et dans les chambres, le bouton
d'appel est fréquemment remplacé par une poire en bois,
renfermant les lames de contact et reliée à la canalisation
par un cordon de soie recouvrant les fils d'amenée du
courant (fig. 121). Quelquefois l'interrupteur est placé près
du plafond, à la hauteur de la canalisation, et il est actionné
au moyen d'un cordon que l'on tire pour établir la communication entre les deux lames élastiques. Lorsqu'on
cesse de tirer, un ressort antagoniste supprime le contact.

Parfois aussi, dans les bureaux et dans les salles à man-

Fig. 122 et 123. — Poignée et bouton de porte d'entrée.

ger, les interrupteurs, installés par terre, sont actionnés
avec le pied. Dans ce but, le bouton est remplacé par une

pédale et les conducteurs passent sous le parquet, ce qui complique un peu l'installation.

Les boutons et les poignées installés à l'extérieur, à côté des portes d'entrée, fonctionnent de la même façon que ceux placés à l'intérieur des appartements. On a soin seulement de les construire plus robustes (fig. 122 et 123).

Il existe des interrupteurs automatiques, appelés aussi *contacts de sûreté*, qui font retentir une sonnerie lorsqu'on ouvre une porte, un meuble, un coffre-fort, un tiroir. Les uns laissent retentir la sonnerie jusqu'à ce que la porte ou le meuble soient refermés ; d'autres ne la font tinter qu'aux moments de l'ouverture et de la fermeture ; d'autres, enfin, à l'ouverture seulement.

Dans le premier cas, le battant de la porte maintient écartées l'une de l'autre deux lames de contact. Quand on ouvre la porte, la lame qui se trouvait repoussée par le

Fig. 124. — Contact automatique.

battant devient libre et, par l'effet de son élasticité, vient établir la communication, jusqu'à ce que la porte soit refermée. Si l'on veut arrêter la sonnerie plus tôt, on intercale sur le conducteur un commutateur permettant d'interrompre le circuit.

En employant le contact représenté fig. 124 la porte n'établit le circuit, en s'ouvrant ou en se fermant, qu'au moment où elle passe sous un galet qu'elle soulève et qui retombe aussitôt qu'il n'est plus soutenu.

Une légère modification apportée à la forme de ce contact permet de ne fermer le circuit qu'au moment où l'on ouvre la porte ; quand on la ferme, la communication ne se produit pas.

Quel que soit l'interrupteur employé, il est indispensable que les surfaces de contact soient toujours parfaitement propres, sans quoi la communication ne pourrait pas être obtenue. Généralement, les lames élastiques sont en cuivre, mais les points de contact sont argentés ou munis d'un grain de platine. On évite ainsi l'oxydation.

Dans les appartements, on fait très rarement usage de la sonnerie électro-magnétique, ou polarisée, que nous avons décrite plus haut (1) et le courant est fourni par une pile. On emploie d'ordinaire les éléments Leclanché, à vase poreux ou à agglomérés, ou bien les éléments de Lalande. Ces piles ont l'avantage de ne rien consommer à circuit ouvert et, comme elles ne fonctionnent que par intermittences, leur dépolarisation lente ne présente aucun inconvénient.

Les éléments sont toujours associés en tension, car la quantité d'électricité débitée est très faible et il s'agit seulement d'obtenir un voltage capable de vaincre la résistance de l'électro-aimant et de la ligne.

Pour une sonnerie unique, deux éléments Leclanché suffisent, si le circuit ne dépasse pas cinquante mètres. Au delà de cette longueur, on ajoute un élément par vingt-cinq mètres.

(1) Nous verrons pourtant, dans le chapitre suivant, qu'elle est utilisée dans les cas où l'on emploie un téléphone magnétique sans pile.

Lorsqu'on fait usage de tableaux indicateurs, il faut compter, en outre, un quart d'élément par numéro ou guichet.

La pile est enfermée dans une boîte. On la place, autant que possible, dans la cave ou dans tout autre endroit frais, de façon à diminuer l'évaporation du liquide.

Le conducteur du courant est un fil de cuivre rouge d'environ un millimètre de diamètre, revêtu d'une gaine isolante. A l'intérieur des appartements secs, l'isolant est un enduit de gomme laque, de poix et de bitume enveloppé de soie ou de coton. Dans les endroits humides, cet enduit est remplacé par de la gutta-percha, également recouverte de soie ou de coton. Dans les traversées de murs, les conducteurs sont protégés par un tube en caoutchouc. On emploie aussi des tuyaux en plomb, surtout dans les parties extérieures.

Les fils sont soutenus le long des murs, soit par des cavaliers, soit par des crochets émaillés, soit encore par de petites poulies en os ou en porcelaine.

Quand il y a un certain nombre de boutons de contact et que l'on désire savoir d'où vient l'appel, on emploie quelquefois plusieurs sonneries et, pour éviter toute erreur, l'une des sonneries est munie d'un timbre, l'autre d'un grelot, une autre d'une cloche ou d'une plaque de bois ou d'un tambour, etc.

Cette disposition est cependant exceptionnelle, en raison de sa complication, et généralement on se contente d'une

sonnerie unique combinée avec un *tableau indicateur* (fig.
125 et 126).

A chaque appel, le bruit de la sonnerie avertit la personne appelée. En même temps, un signal apparaît sur le
tableau, au guichet correspondant à la pièce d'où l'appel
est venu.

Chaque guichet ou numéro est constitué par un petit
électro-aimant entre les bobines duquel peut osciller un
barreau d'acier aimanté supportant une plaque indicatrice

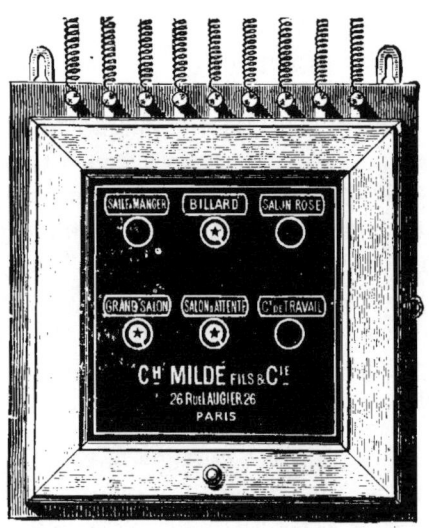

Fig. 125. — Tableau d'appel, vue extérieure.

sur laquelle on peut inscrire un numéro d'ordre, ou la
désignation d'un appartement, ou encore le nom de la personne qui l'occupe, etc.

Dans sa position normale, la plaque mobile est masquée
par le panneau antérieur du tableau. Dès qu'on lance le

courant dans l'électro, en poussant le bouton d'appel correspondant, l'action électro-magnétique fait basculer l'ai-

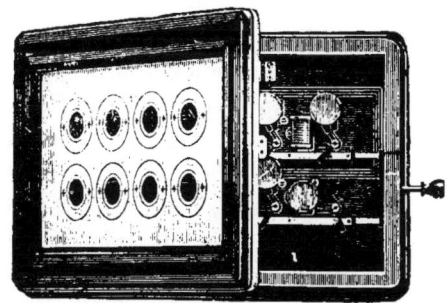

Fig. 126. — Tableau d'appel, vue intérieure.

mant et la petite plaque apparaît derrière l'ouverture pratiquée dans la paroi du tableau. Le signal reste visible

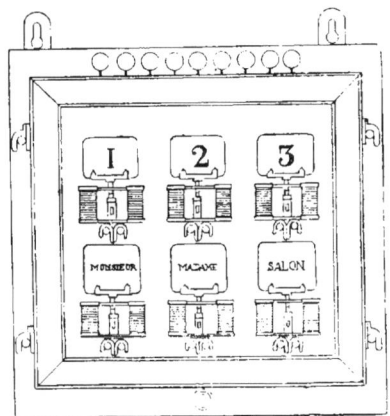

Fig. 127. — Tableau d'appel à mécanisme apparent.

jusqu'à ce que la personne appelée viennent *l'effacer*, en
poussant le bouton placé dans la partie inférieure du pan-

13

neau. Ce bouton fait passer, dans tous les électro-aimants
du tableau, un courant dont le sens est tel que la polarité
produite ramène à leur position normale tous les barreaux
d'acier qui avaient été déplacés par les appels.

Les figures 127 et 128 représentent un modèle un peu
différent. Tout le mécanisme est apparent et les barreaux
aimantés, disposés horizontalement, sont surmontés d'une
pince portant une étiquette. Chaque électro est double,
mais les fils des deux bobines sont indépendants : l'un
communique avec le bouton d'appel ; l'autre, avec le bouton de disparition du signal. Quant on pousse le bouton
d'appel, l'électro s'aimante de telle sorte que le barreau
pivote et montre la face imprimée de l'étiquette. Si l'on
pousse alors le bouton de disparition. les pôles de l'électro
sont intervertis, le barreau aimanté tourne en sens inverse
et l'on ne voit plus que le côté non imprimé de l'étiquette.

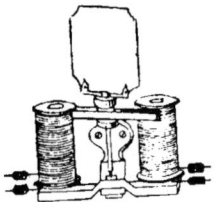

Fig. 128. — Vue d'un guichet.

Les tableaux que nous venons de décrire font bien connaître d'où viennent les appels. mais il n'indiquent pas
combien de fois il a fallu pousser le bouton avant que la
personne demandée ait entendu la sonnerie ou se soit rendue à l'endroit voulu. Le mécanisme représenté fig. 129
satisfait à cette dernière condition.

Derrière chaque guichet est un disque sur lequel sont

inscrits deux, trois ou plusieurs numéros. Un ressort tend
à faire tourner ce disque, mais ce mouvement est arrêté
par un échappement à ancre que commande un électro-
aimant. A chaque émission de courant, l'action électro-magnétique fait avancer le disque d'un cran, en même temps

Fig. 129. — Guichet à disque tournant.

que la sonnerie retentit. et la personne appelée peut savoir,
par une simple inspection du guichet, combien de fois elle
a été demandée. Un levier extérieur permet de remettre
tous les disques dans leur position primitive.

2. — Avertisseurs.

Les avertisseurs sont des appareils dont le but est de révéler, automatiquement, soit un incendie, soit la présence de voleurs, ou bien de donner, au moment voulu, un signal quelconque.

Les contacts de sûreté, dont il a déjà été question, sont des avertisseurs de vol, puisque la porte sur laquelle ils sont installés ne peut être ouverte sans qu'ils fassent retentir une sonnerie.

D'autres dispositions ont été imaginées dans le même but.

L'*Antiklept*, de MM. Royer et Benoist est constitué (fig. 130) par un fil AB disposé de telle sorte qu'il ne soit pas possi-

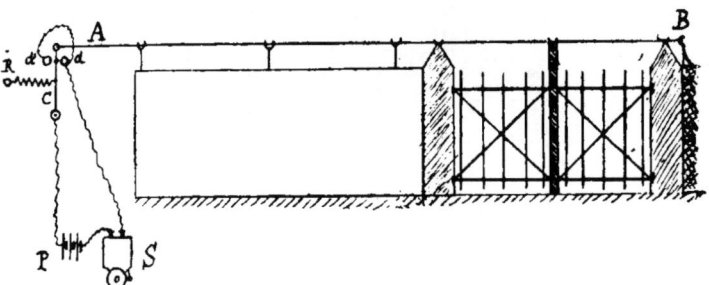

Fig. 130. — Antiklept.

ble de franchir la clôture ou d'ouvrir la porte, sans le couper ni le toucher. Ce fil est attaché d'une part à un mur et de l'autre à une lame C qu'un ressort R tend à incliner vers la gauche et qui est reliée à une pile P. Si l'on touche le fil, celui-ci incline un peu vers la droite la lame C qui vient en contact avec un plot *d* et ferme le circuit de la

sonnerie S. Si l'on coupe le fil, la lame C est ramenée à
gauche et bute contre le contact *d'*. fermant, dans ce cas
encore, le circuit avertisseur.

Lorsqu'il s'agit de protéger un mur de clôture d'une certaine longueur, on le divise généralement en plusieurs
zones, munies chacune d'un fil distinct. Un tableau, analogue à ceux que nous avons décrits, fait immédiatement
connaitre, en cas d'alarme, quelle est la région d'où est
venu le signal.

La figure 131 représente le relais d'un avertisseur pour
coffre-fort. Quand la porte du coffre est fermée, le courant
d'une pile traverse l'électro-aimant E et une résistance assez
grande pour diminuer suffisamment le débit. L'armature A
de l'électro est montée sur le même axe que la fourche
métallique B et que le contrepoids P. On règle ce dernier

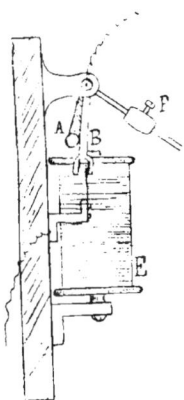

Fig. 131. — Relais d'avertisseur pour coffre-fort.

de telle sorte que, avec le courant normal, la fourche B
reste bien verticale.

Si l'on ouvre le coffre-fort, le courant est interrompu, l'électro se désaimante, le contrepoids retombe et pousse la fourche vers la gauche, ce qui a pour résultat de fermer le circuit d'une sonnerie.

Le même effet se produit si les cambrioleurs coupent les fils qu'ils voient à l'extérieur du coffre-fort, croyant avoir affaire à un simple contact de porte. S'ils ont l'idée de réunir les fils de ligne, la résistance placée dans le coffre-fort est supprimée, le courant traversant l'électro augmente d'intensité, l'armature est plus vivement attirée et la fourche est inclinée vers la droite, fermant encore le circuit de la sonnerie.

On emploie d'ordinaire des piles au sulfate de cuivre (Daniell, Callaud ou Meidinger) pour produire le courant destiné à actionner continuellement l'électro-aimant, car ces piles sont complètement exemptes de polarisation. On a réussi, pourtant, à utiliser les éléments Leclanché, en augmentant fortement la résistance, de façon à ne fournir qu'un courant de très faible intensité.

* *

Il existe aussi *des serrures électriques de sûreté*, dans lesquelles un contact spécial ferme le circuit d'une sonnerie, à la moindre tentative d'effraction. Qu'un voleur fasse le moindre effort pour forcer la gâche, qu'il introduise dans le trou de la serrure un crochet, une fausse clef, un levier quelconque, — et le carillon retentit aussitôt. La clef des habitants de la maison doit être munie de découpures spéciales permettant de faire jouer les pênes sans fermer le circuit de l'avertisseur.

Ceci nous amène à signaler un autre genre de serrures électriques, qui n'ont rien de commun avec les avertisseurs.

Nous voulons parler de celles que l'on peut faire fonctionner à distance, au moyen de l'électricité. Au lieu d'avoir
à tirer plus ou moins énergiquement un cordon, il suffit
d'appuyer le doigt sur un bouton de contact qui lance le
courant dans un électro-aimant. Ce dernier, dissimulé dans
la serrure, attire une armature dont le déplacement commande le pène et ouvre la porte. On conçoit aisément la
commodité de ce système. Le mécanisme en est trop simple pour qu'il soit nécessaire d'en donner une description
détaillée.

*
* *

Les *avertisseurs d'incendie* sont constitués par des interrupteurs automatiques fermant le circuit d'une sonnerie
sous l'influence d'une élévation de température. Leur fonc-

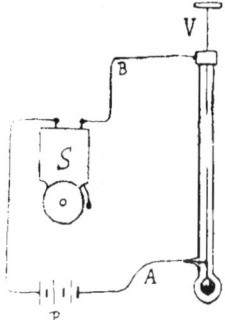

Fig. 132. — Avertisseur à dilatation.

tionnement est basé, tantôt sur un phénomène de dilatation,
tantôt sur la fusion ou sur la combustion d'un corps isolant.

La figure 132 représente un avertisseur très simple, composé d'un thermomètre à mercure surmonté d'une vis V en communication avec le conducteur B aboutissant à une sonnerie S. Le réservoir à mercure est relié à la pile P par un

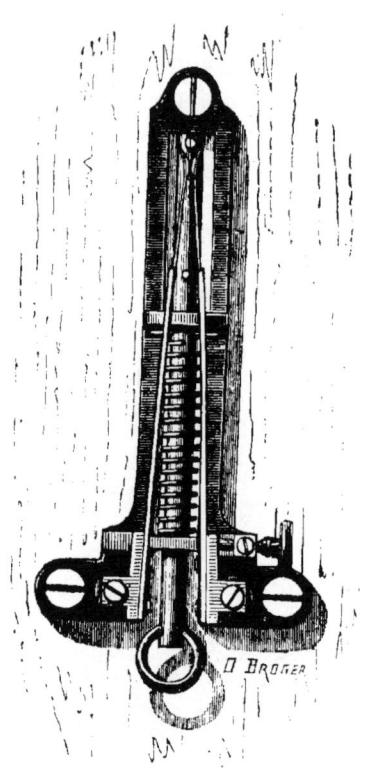

Fig. 133. — Avertisseur d'incendie Gaulne et Mildé.

fil A. Lorsque la température atteint le degré pour lequel le réglage a été effectué, le mercure vient en contact avec la vis V et la sonnerie retentit.

L'avertisseur d'incendie Gaulne et Mildé (fig. 133) est fondé
sur l'inégale dilatation des métaux. Deux lames, compo-
sées chacune de trois rubans métalliques différents acier,
cuivre et zinc) superposés et soudés ensemble, sont disposées en regard l'une de l'autre, à peu près parallèlement.

Sous l'influence de la chaleur, les deux lames s'incurvent

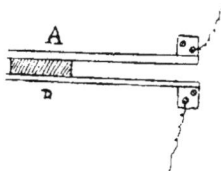

Fig. 134. — Avertisseur à fusion

l'une vers l'autre et viennent se toucher. fermant ainsi le
circuit du signal d'alarme.

Pour que l'appareil puisse servir aussi d'interrupteur
d'appel ordinaire, la communication entre les deux lames

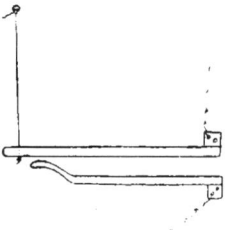

Fig. 135. — Avertisseur à combustion.

peut être obtenue à l'aide d'une goupille métallique fixée
sur une tige verticale terminée par un anneau auquel est

fixé le cordon d'appel et maintenue soulevée par un ressort à boudin.

La figure 134 indique le principe des avertisseurs à fusoni. Les deux lames A et B de l'interrupteur tendent à venir en contact par l'effet de leur élasticité et sont séparées par une matière isolante facilement fusible, telle que le suif. La température s'élève-t-elle d'une façon anormale, l'isolant entre en fusion et les lames se touchent.

En remplaçant l'isolant par un fil combustible, qui soutient la lame supérieure et la maintient écartée de l'autre lame (fig. 135), on réalise un avertisseur fonctionnant lorsque le feu vient à brûler le fil.

*
* *

Signalons, enfin, une dernière catégorie d'avertisseurs : les réveille-matin électriques. Ces appareils (fig. 136) ne pré-

Fig. 136. — Réveille-matin.

sentent aucune disposition particulière. Le premier réveille-matin venu peut être muni d'un contact fermant, au moment voulu, le circuit d'une sonnerie.

Une horloge ordinaire peut même être employée dans ce but. Deux lames minces formant interrupteur sont disposées sur le cadran, derrière le plan parcouru par la grande aiguille et de telle sorte que l'aiguille des heures vienne fermer le circuit à l'instant qui aura été déterminé par la position des lames.

On a aussi utilisé la descente du poids moteur de certaines pendules, telles que les *coucous*, pour établir un contact placé de façon que le poids vienne le toucher, à l'heure voulue.

Toutes ces dispositions mécaniques sont extrêmement simples et ne comportent aucune explication détaillée.

III. — Horloges électriques.

On sait combien il est difficile d'obtenir une concordance parfaite entre plusieurs pendules et combien il est rare d'avoir chez soi l'heure exacte, même avec les mécanismes les mieux construits et les plus coûteux. On sait, aussi, que la nécessité de remonter périodiquement les ressorts moteurs est un assujettissement quelque peu ennuyeux et que, si l'on oublie de procéder à temps au remontage, les mouvements s'arrêtent, de sorte qu'on peut se trouver dans l'impossibilité de connaître l'heure qu'il est.

L'emploi de l'électricité permet de supprimer ces inconvénients, en distribuant à domicile l'heure donnée par une horloge centrale, qui peut marquer le temps avec une très grande précision, constamment en concordance avec les observations astronomiques.

L'horloge centrale doit lancer dans la canalisation, à des intervalles rigoureusement égaux, le courant qui actionne les cadrans récepteurs. A cet effet, le balancier distributeur est en communication avec la ligne et, à chacune de ses oscillations, il vient buter contre de petites lames métalli-

ques très souples reliées à une source d'électricité. Le circuit est ainsi fermé un instant à chaque oscillation. Les connexions sont d'ordinaire établies de telle sorte que le sens
du courant soit chaque fois interverti, comme l'indique le
schema ci-joint (fig. 137).

La figure suivante montre le mécanisme d'un cadran
récepteur construit par Bréguet. Le courant traverse les

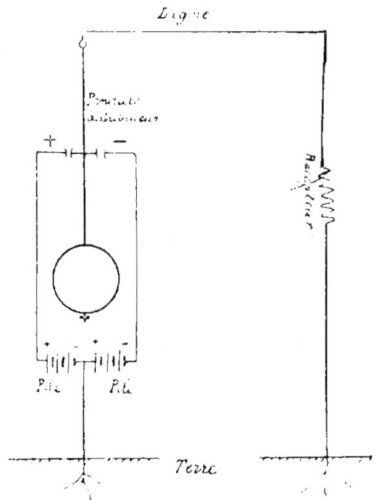

Fig. 137. — Diagramme de distribution de l'heure.

deux électro-aimants EE', dont les pôles de noms contraires
sont en regard les uns des autres. Entre ces bobines est un
aimant A monté sur une tige métallique t Cette dernière
peut osciller autour de l'axe r et se termine par une fourche qui commande, par l'intermédiaire d'un cliquet ii la
roue à rochet r dont l'axe porte l'aiguille des minutes.
Celle-ci engrène, comme à l'ordinaire, avec l'aiguille des
heures.

Les courants émis périodiquement changeant chaque fois
de sens, l'armature aimantée se déplace successivement de
droite à gauche et de gauche à droite, et son mouvement

Fig. 138. — Horloge réceptrice Bréguet.

alternatif, transmis par la fourche au cliquet, fait avancer
la roue dentée et les aiguilles.

Le rochet a soixante dents. Il suffit, par conséquent, qu'un
courant très bref soit émis une fois par minute, pour que
la grande aiguille fasse le tour du cadran en une heure.

Le mécanisme récepteur est, on le voit, beaucoup plus simple que celui d'une pendule ordinaire. Mais il présente un inconvénient. Si, pour une raison ou pour une autre, une émission de courant ne produit pas l'effet voulu, soit qu'une dent du rochet soit usée, soit qu'il y ait un mauvais contact sur le distributeur, l'aiguille se trouvera en retard d'une minute et ne se remettra jamais à l'heure exacte. Ce premier retard pourra être suivi de plusieurs autres, qui ne pourront jamais être rattrapés, si bien qu'en peu de temps les cadrans ne donneront plus que des indications absolument fantaisistes.

Il a paru préférable, en certains cas tout au moins, d'employer à domicile des horloges automotrices, comme celles dont on se sert d'ordinaire, mais de les régler, une ou plusieurs fois par jour, au moyen d'un courant agissant sur un organe de remise à l'heure.

Le balancier de chaque réceptrice peut être muni d'un barreau de fer doux se déplaçant en regard de deux électro-aimants. Le courant périodiquement envoyé par l'horloge distributrice aimante les bobines au moment voulu et assure le synchronisme de tous les balanciers.

Dans un autre système, on se borne à remettre les aiguilles à l'heure deux fois par jour, à midi et à minuit, par exemple. Les réceptrices sont alors réglées de façon à avancer toujours un peu. Quelques minutes avant midi, un courant est lancé dans la ligne. Au moment où les aiguilles marquent midi, une pièce spéciale vient buter contre un contact qui ferme le circuit d'un électro-aimant. L'attraction de l'armature de ce dernier a pour effet d'arrêter le mouvement des aiguilles, sans empêcher les oscillations du balancier. A midi précis, le courant est supprimé et toutes les réceptrices se remettent à marcher. La même manœuvre peut être renouvelée à minuit.

Des dispositions plus compliquées, permettant de corriger aussi bien le retard que l'avance et assurant, en outre, le remontage automatique, ont été adoptées par diverses compagnies de chemins de fer. Mais ces appareils ne sont pas employés dans la maison et leur étude ne saurait entrer dans le cadre de cet ouvrage.

Les canalisations établies jusqu'à présent pour distribuer l'heure à domicile sont loin d'être très répandues, surtout en France. Mais il est facile d'avoir chez soi des horloges électriques actionnées par des piles et évitant le remontage de ressorts ou de poids moteurs. Il n'est pas nécessaire d'employer une pile particulière : celle que l'on a déjà pour les sonneries convient parfaitement.

Plusieurs moyens ont été proposés pour entretenir électriquement les oscillations d'un balancier. Il est indispensable que le pendule reçoive une impulsion toujours égale malgré les variations d'intensité du courant. On avait d'abord imaginé d'utiliser la détente d'un ressort métallique qu'un électro-aimant retendait ensuite. Mais les changements de température amenant la dilatation du métal, ainsi que les variations que subissait, à la longue, son élasticité, influaient sur la marche du mécanisme et nuisaient quelque peu à l'exactitude de ses indications. On substitua donc au ressort un poids tombant toujours de la même hauteur sur un bras relié au balancier et communiquant à ce dernier une impulsion toujours identique. Un électro-aimant remontait ensuite le poids et le laissait retomber au moment voulu. Le pendule était ainsi actionné d'une façon constamment uniforme et oscillait avec une régularité absolue.

Ces mécanismes ont plusieurss inconvénients. Ils sont, tout d'abord, assez compliqués et souvent trop coûteux pour qu'on puisse les multiplier dans les appartements : ce sont plutôt des instruments de mesures scientifiques. En second lieu. le courant agit à chaque oscillation et la pile, travaillant presque sans interruption, peut se polariser. Enfin, les balanciers verticaux ne fonctionnent que dans une seule position et s'arrètent si l'horloge n'est pas placée bien d'aplomb.

Le modèle que nous allons décrire et que reproduit la figure 139, est exempt de ces inconvénients. Il est dû à M. Cauderay.

Les oscillations du balancier circulaire V sont réglées par le ressort spiral placé au sommet de l'arbre A et entre-tenues par l'attraction que les électro-aimants MM' exercent sur l'armature de fer doux N.

Le courant ne passe pas à chaque oscillation, mais seule-ment lorsque l'amplitude des oscillations a diminué au point qu'une nouvelle impulsion soit nécessaire. La pile ne fournit ainsi que de temps en temps une très petite quan-tité d'énergie et peut fonctionner durant de longs mois sans s'épuiser. Ce résultat est obtenu à l'aide du distributeur c qui commande l'interrupteur EF.

Sur la lame E est monté un petit levier D qu'un ressort tend à maintenir perpendiculaire à E. Ce levier suit le mou-vement oscillatoire de la pièce B fixée sur l'arbre A et ses deux positions extrèmes sont, l'une celle qu'il occupe dans notre dessin. l'autre celle de la ligne en pointillé — à con-dition, toutefois, que l'oscillation ait une amplitude suffi-sante pour que la tige D passe en dehors des extrémités de la pièce B. Si cette amplitude vient à décroître, la tige D ne se renverse plus et, à la demi-oscillation suivante, vient

s'engager dans l'échancrure C, ce qui a pour effet de pousser le système DE vers F et de fermer le circuit des élec-
tros. L'attraction que ces derniers produisent alors sur

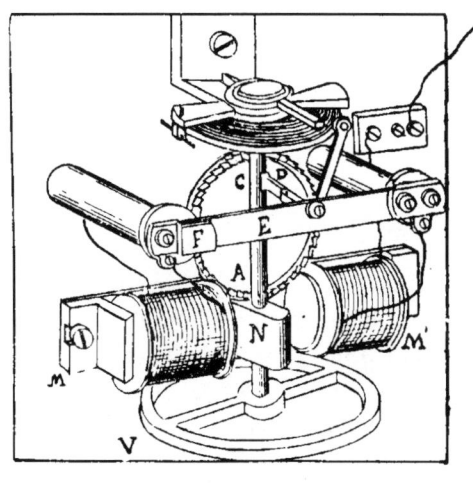

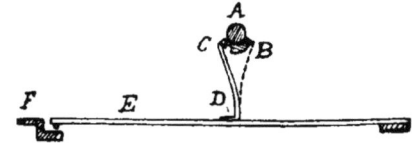

Fig. 139. — Pendule Cauderay.

l'armature N donne au balancier une impulsion nouvelle et
ramène ses oscillations à l'amplitude normale.

Un levier agissant sur le spiral sert à régler la vitesse.

Cette horloge est simple et d'un prix très abordable ;
rien n'empêchera de la vendre vingt francs et même moins
encore, lorsqu'elle fera l'objet d'une fabrication courante.
Elle fonctionne dans n'importe quelle position et sans
remontage. Sa régularité ne laisse rien à désirer.

14

CHAPITRE IX.

LE TÉLÉPHONE.

Jadis, les tuyaux acoustiques permettaient bien, en canalisant le son, de converser d'une pièce à l'autre d'un même édifice. Mais il ne fallait pas songer à correspondre de maison à maison, encore moins de ville à ville.

Aujourd'hui, grâce au téléphone électrique, on peut se faire entendre de Marseille à Rouen. Sans doute, la voix transmise à pareille distance n'est pas toujours parfaitement nette, et la moindre influence perturbatrice la rend confuse. Elle est, néanmoins, presque toujours intelligible et, bien que des perfectionnements prochains soient à souhaiter, le résultat acquis justifie, dès à présent, l'enthousiasme avec lequel sir William Thomson, l'illustre physicien anglais, accueillait à son apparition, en 1876, la découverte de Graham Bell, en laquelle il voyait « la plus grande merveille de la télégraphie ».

Avant d'examiner les avantages du téléphone et ses applications dans la maison, nous indiquerons le principe de son fonctionnement et la disposition de ses divers organes.

On sait que le son est le résultat de mouvements vibratoi-

res imprimés aux molécules des corps et transmis à notre
oreille par l'intermédiaire de l'air ou de tout autre milieu
élastique.

Le but du téléphone est de reproduire, à distance et
avec toutes leurs nuances, les vibrations qui constituent
la voix.

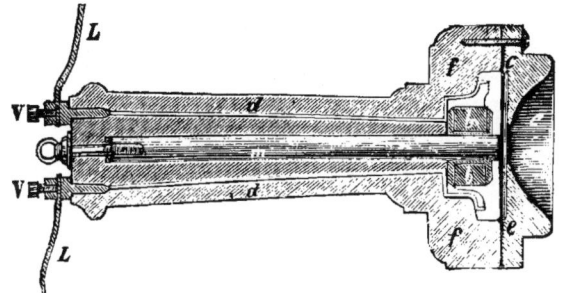

Fig. 140. — Coupe du téléphone Bell.

Le *téléphone magnétique*, de Bell, consiste en un barreau
d'acier aimanté *m* (fig. 140), dont l'un des pôles est entouré
d'une bobine *b*. En face de ce même pôle est un disque
mince en fer doux *e*.

Si l'on parle devant cette membrane métallique, les
vibrations qui s'y produisent font varier légèrement la distance qui la sépare de l'aimant et, modifiant l'état magnétique de ce dernier, engendrent, dans la bobine *b*, une série
de courants induits, conformément aux lois de l'électro-
magnétisme.

Les courants ainsi produits sont amenés, par deux conducteurs LL, à la bobine d'un second appareil, identique à
celui-ci, et viennent modifier l'aimantation du barreau
d'acier. Ce barreau est alors le siège de vibrations qui
reproduisent exactement le son émis devant le premier

appareil, avec son timbre et sa hauteur, à l'intensité près, qui se trouve considérablement diminuée. Les variations magnétiques de l'aimant réagissent sur le disque de fer, dont les vibrations contribuent à renforcer le son.

Comme on le voit, le téléphone magnétique est *réversible* car le même organe est tour à tour transmetteur et récepteur. Il constitue, de plus, un véritable générateur magnéto-électrique et produit lui-même, au moment voulu, le courant nécessaire à son fonctionnement.

Les organes électro-magnétiques que nous venons de décrire sont protégés par une monture *dd* munie d'un pavillon destiné à concentrer le son sur la membrane vibrante.

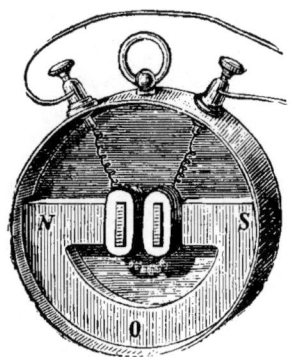

Fig. 141. — Système électro-magnétique du téléphone Gower.

D'une construction très simple, peu coûteux, suffisamment robuste et n'exigeant aucun entretien, cet instrument convient admirablement pour les transmissions à faibles distances. Il peut, notamment, rendre d'importants services dans les cas où l'on veut seulement correspondre d'un appartement à l'autre d'une même maison, ou bien, à la campagne, lorsqu'il s'agit de relier l'habitation principale avec le logis d'un fermier, d'un concierge, etc.

Le modèle primitif qui vient d'être décrit a reçu diver-

Fig. 142. — Téléphone Gower.

ses modifications ayant surtout pour but d'augmenter l'intensité des sons recueillis.

Une amélioration notable a été obtenue en recourbant le barreau aimanté, de façon à utiliser ses deux pôles, rapprochés de la plaque vibrante et entourés chacun d'une bobine. Le son est ainsi renforcé considérablement et la parole plus nette.

Dans le téléphone Gower (fig. 141), les deux bobines
sont aplaties, ce qui permet de les rapprocher du centre
de la membrane. Le système électro-magnétique NSO est
enfermé dans une boîte de laiton. Un tube acoustique
(fig. 142) permet de parler ou d'écouter sans déranger l'instrument que l'on peut fixer à demeure contre une paroi ou
sur un meuble.

Pour qu'il soit possible de prévenir la personne à qui
l'on veut parler, une petite ouverture est pratiquée sur le
diaphragme vibrant *e* (fig. 143) et une anche, montée sur
une queue en cuivre *a*, y est introduite. Si l'on souffle dans

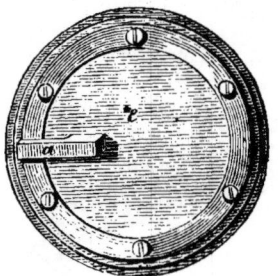

Fig.143. — Membrane vibrante et anche du téléphone Gower.

le tube du transmetteur, l'anche vibre en produisant un son
retentissant, aussitôt transmis au récepteur dont l'anche
résonne à son tour, avec assez d'intensité pour éveiller
l'attention.

Les figures 144 et 145 représentent le téléphone Ader.
L'aimant *mm* est replié circulairement, ce qui facilite l'ac-
crochage de l'appareil, lorsqu'on ne s'en sert pas. *bb* sont
les bobines entourant les pôles magnétiques. Au-dessus de
la plaque vibrante *cc* est un anneau en fer doux *aa* qui a
pour effet d'augmenter la sensibilité de l'instrument et au-

quel son inventeur a donné le nom de *surexcitateur*. Pour
obtenir qu'un aimant exerce sur son armature la plus grande

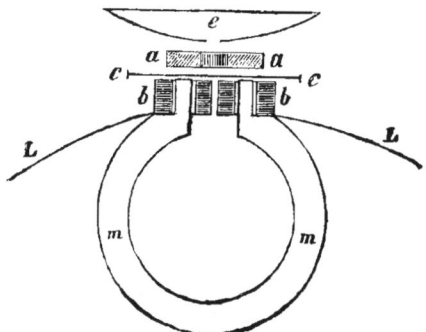

Fig.144. — Coupe du téléphone Ader.

action possible, il faut qu'ils aient tous deux la même masse.
Or, si l'on augmente les dimensions de la plaque vibrante,

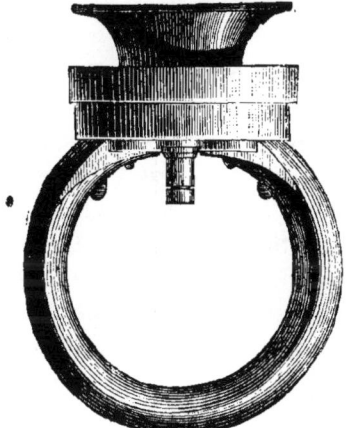

Fig.145. — Téléphone Ader.

on amortit les vibrations, au lieu de les amplifier. L'armature annulaire fixe *aa* évite cet inconvénient et renforce

l'action de l'aimant, sans qu'il soit nécessaire d'employer un diaphragme plus épais.

Une boîte en ébonite, terminée par un pavillon très aplati *e*, contient l'ensemble électro-magnétique dont on vient de lire la description.

Il est bon, comme on le fait depuis peu, de fixer sur le pavillon une sorte de bourrelet en caoutchouc creux très souple qui, appliqué contre l'oreille, empêche celle-ci de percevoir tout autre bruit que ceux transmis de la ligne au récepteur et augmente la netteté des sons recueillis.

Le téléphone Ader est universellement adopté aujourd'hui, au moins comme récepteur. Il constitue le meilleur transmetteur dans les cas où le téléphone magnétique est suffisant, c'est-à-dire pour les transmissions à faible distance.

*
* *

Lorsqu'il s'agit de reproduire, au bout d'une très longue ligne, avec toute la netteté voulue, les nuances si délicates et si complexes des ondulations qui constituent la parole, le transmetteur magnétique est impuissant à fournir des courants suffisamment intenses pour déterminer dans le récepteur des vibrations bien distinctes.

Il faut alors avoir recours au *téléphone à pile*, dans lequel le transmetteur n'a plus à produire des courants électriques d'induction, mais seulement à distribuer convenablement un courant emprunté à une pile dont il est facile d'augmenter la puissance autant que l'exigent la longueur et la résistance de la ligne.

Le récepteur n'est pas modifié : le modèle Ader, ainsi que nous l'avons dit, est partout employé.

Nous ne décrirons pas les transmetteurs primitivement
en usage et complètement abandonnés aujourd'hui.

Le *microphone à charbons* est adopté à l'exclusion de tout
autre transmetteur, car il possède seul la sensibilité néces
saire.

Du Moncel avait remarqué que l'intensité d'un courant
dans un circuit complété par un interrupteur est très modifiée suivant le degré de pression exercée au point de contact des pièces conductrices de cet interrupteur.

Plus que tout autre conducteur, le charbon manifeste des

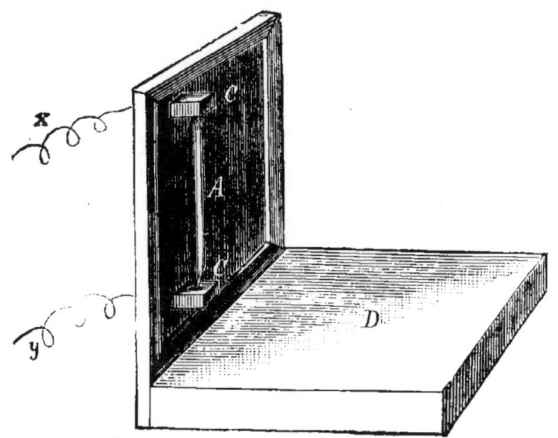

Fig.146. — Microphone Hughes.

variations de conductibilité aux moindres changements de
pression.

L'application de ce phénomène a fait faire un progrès
immense à la téléphonie.

Hughes, l'inventeur du microphone, employait la disposition représentée fig.146 et qui est restée classique.

Un crayon en charbon de cornue A, taillé en pointes à
ses deux bouts, est disposé entre deux crapaudines de char-

bon CC. Le crayon, pouvant ballotter librement dans ces
deux cavités, y est extraordinairement mobile. Les trois
pièces en charbon ACC font partie du circuit d'une pile et
d'un récepteur téléphonique. Si l'on parle à proximité du
crayon, les ondulations sonores le font s'agiter entre les
godets qui le maintiennent et les moindres changements
survenus dans le double contact se traduisent par des variations dans l'intensité du courant qui actionne le récepteur,
de sorte que ce dernier reproduit, avec une netteté remarquable, les sons émis devant le microphone.

La sensibilité de ce transmetteur est telle qu'un insecte
marchant sur la tablette D est entendu très distinctement
dans le récepteur. La chute d'une épingle retentit comme
un coup de marteau et le frôlement léger d'un petit pin-
ceau produit un grincement très accentué.

Ce microphone à baguette de charbon unique a cependant un défaut. Il arrive parfois que le crayon mobile,
cessant un instant de porter sur le bloc de charbon supérieur, interrompt momentanément le circuit. Il en résulte
un extra-courant qui produit dans le récepteur un bruit
très désagréable. C'est pourquoi on emploie d'ordinaire
des microphones à contacts multiples, dans lesquels le courant n'est jamais complètement interrompu et qui sont, en
outre, plus sensibles.

Tel est le transmetteur Ader, dans lequel (fig. 147 et 148)
trois plaques de charbon BCD. fixées sous une planchette
mince en sapin, supportent entre elles deux séries de cinq
baguettes de charbon AA', pouvant se déplacer légèrement
dans les évidements qui les retiennent. Le courant, entrant
par la plaque B, passe à travers les cinq baguettes A, gagne
la plaque C, puis les baguettes A', pour ressortir par la plaque D. de telle sorte que. lorsqu'on parle devant la plan-

chette de sapin, les vibrations que reçoit cette dernière mettent en jeu vingt contacts variables.

La figure 149 représente l'intérieur d'un transmetteur microphonique Ader en forme de pupitre. EE sont les crayons de charbon. Deux crochets, disposés de chaque côté de la boîte, soutiennent les récepteurs, quand on ne se sert pas de l'instrument. L'un des crochets, C, est mobile

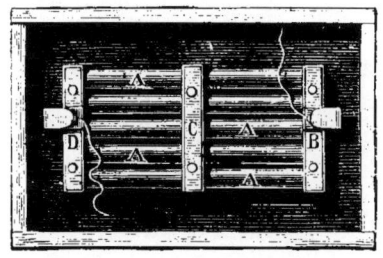

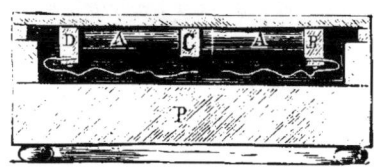

Fig. 147 et 148. — Microphone Ader.

et commande un commutateur S qui met la ligne en communication, soit avec la sonnerie d'appel, soit avec les organes téléphoniques, suivant que le crochet est abaissé par le poids du récepteur que l'on y a suspendu ou qu'il est relevé par un ressort, une fois le récepteur décroché.

Au-dessous de ce crochet à ressort, on aperçoit une bobine B dont le rôle est très important dans les communications à grande distance, ainsi qu'on va le voir.

Une vibration déterminée produit dans le microphone un changement de résistance dont la valeur absolue est fixe. Elle sera, par exemple, de 2 ohms.

Si la ligne est courte, la résistance totale du circuit sera faible : supposons-la de 10 ohms. Dans ces conditions, la vibration du microphone fera varier la résistance et, par suite, l'intensité, de 2 10, soit un cinquième de sa valeur totale, et le récepteur fera entendre des sons bien distincts.

Si, au contraire, la ligne, très longue, a une résistance considérable, 2.000 ohms par exemple, la même vibration

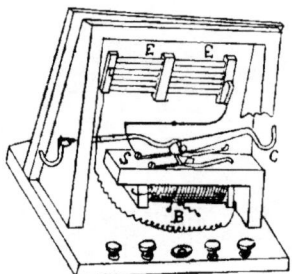

Fig. 149. — Transmetteur microphonique Ader.

produisant un changement de résistance de 2 ohms ne modifiera l'intensité que de 2/2000 et cette modification de un millième à peine, introduite dans l'intensité d'un courant déjà très affaibli par la résistance de la ligne et par les pertes à la terre, inévitables sur un long parcours, ne pourra déterminer dans le récepteur que des vibrations insuffisantes et confuses.

Edison a évité cet inconvénient par l'emploi de courants induits.

Deux fils sont enroulés sur une même bobine : l'un, d'as-

sez gros diamètre et de longueur médiocre, reçoit le courant
produit par la pile et traversant le microphone ; l'autre,
très fin et très long, est rattaché à la ligne extérieure. Dans

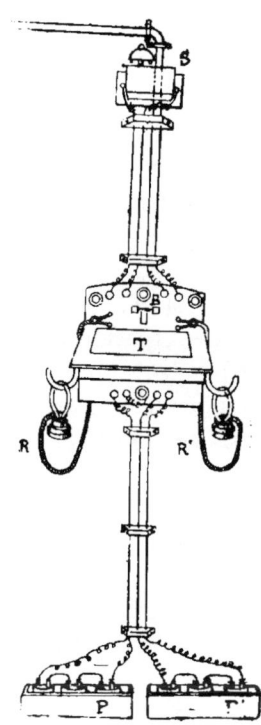

Fig. 150. — Disposition générale des divers organes d'un poste
téléphonique.

ces conditions, les courants à basse tension et d'intensité
relativement grande qui parcourent le gros fil, déterminent
dans le fil fin des courants induits de très faible intensité,
mais de haute tension.

Dès lors, les moindres variations de résistance du microphone ont toujours une grande valeur relative, car le circuit primaire n'a qu'une faible résistance, et la tension élevée des courants secondaires leur permet de vaincre facilement la résistance des lignes à grand parcours.

La figure 150 montre la disposition générale des divers organes d'un poste téléphonique.

S est la sonnerie d'appel, B le bouton servant à actionner le timbre du poste correspondant, T la planchette du microphone, R et R' les récepteurs. Le crochet de droite, auquel est suspendu le récepteur R', est mobile et commande le commutateur dont il a été question plus haut. PP' est la pile, composée de six éléments Leclanché : tous ces éléments sont réunis en tension, lorsqu'il s'agit de prévenir le poste correspondant, en faisant retentir la sonnerie : mais, pour actionner le microphone et transmettre la voix, le courant de trois éléments est seul utilisé.

Pour permettre à n'importe quel abonné de correspondre avec l'un quelconque des autres abonnés, l'administration des téléphones a installé, dans chaque ville pourvue d'un réseau téléphonique, des *bureaux centraux*, dont il nous faut expliquer en quelques mots le fonctionnement.

Les fils de chaque abonné viennent aboutir à un *indicateur* et à un *commutateur*. Tous les indicateurs et commutateurs sont groupés sur un ou plusieurs tableaux.

L'indicateur est représenté fig. 151.

Quand un abonné pousse le bouton d'appel dont est muni son transmetteur, le courant traverse l'électro-aimant A dont l'armature B bascule autour de son axe O et vient dégager une plaque C qui, en tombant par l'effet de son propre poids,découvre un chiffre (qui est le numéro d'ordre de l'abonné) et vient buter contre un plot métallique D. Ce contact ferme le circuit d'une pile locale P et d'une sonnerie

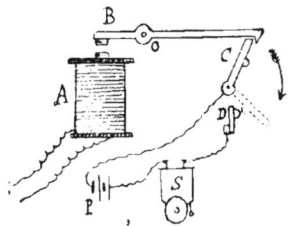

Fig. 151. — Indicateur.

S avertissant l'employé de service. Ce dernier, muni d'un téléphone portatif composé d'un microphone et d'un récepteur montés sur un manche coudé (fig. 154) écoute la demande de communication qui lui est adressée et réunit le commutateur de l'abonné appelant avec celui de l'abonné appelé, après avoir prévenu ce dernier. La conversation s'engage alors entre les deux correspondants. en débutant par le traditionnel « Allô ! Allô ! »

Les figures 152 et 153 montrent le principe du commutateur, qui a reçu le nom de *Jack-Knife* (1).

Les fils de l'abonné aboutissent respectivement à deux plaques métalliques A et B, disposées l'une au-dessus de l'autre, mais séparées par un isolant. Elles sont percées de trous coniques CD dans lesquels peut être introduite la fiche représentée à part et à une plus grande échelle.

Cette fiche se compose de deux pièces métalliques concentriques reliées à chacun des deux fils d'un cordon

(1) Couteau de Jack, ainsi appelé parce qu'il avait primitivement la forme d'un couteau et que son inventeur portait le nom de Jack.

souple. Lorsque la fiche est enfoncée dans les trous du commutateur, la tige centrale vient toucher la plaque B, tandis que la pièce extérieure reste en contact avec la plaque A.

Une autre fiche, identique à celle-ci, termine l'autre extrémité du conducteur souple. En plaçant l'une des fiches dans le commutateur de l'abonné appelant et l'autre dans celui de l'abonné appelé, on établit la communication entre leurs appareils.

Il importe que le bureau central soit averti, lorsque la conversation entre les deux abonnés est terminée. A cet effet, l'indicateur de l'un des abonnés doit rester en dérivation avec la ligne, de sorte que la sonnerie du bureau central retentisse lorsque les abonnés pousseront le bouton

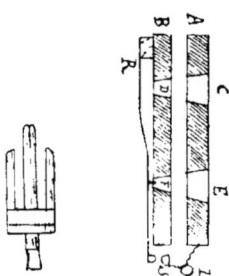

Fig. 152 et 153. — Commutateur.

d'appel pour annoncer que la communication peut être coupée. Voici comment le commutateur réalise cette condition.

Un ressort R, fixé sous la plaque B, fait communiquer, par le contact S, l'indicateur I, avec les deux fils de ligne. Ce ressort porte un bouton d'ivoire qui pénètre légèrement dans le trou F. Si l'on enfonce la fiche dans les trous EF, elle repoussera le ressort, par l'intermédiaire du bouton d'ivoire, et l'indicateur sera isolé de la ligne. Si, au contraire, on enfonce la fiche dans les trous CD, l'indicateur pourra fonctionner et faire retentir la sonnerie.

Dès lors, quand l'employé établit une communication entre deux abonnés, il a soin d'enfoncer l'une des fiches

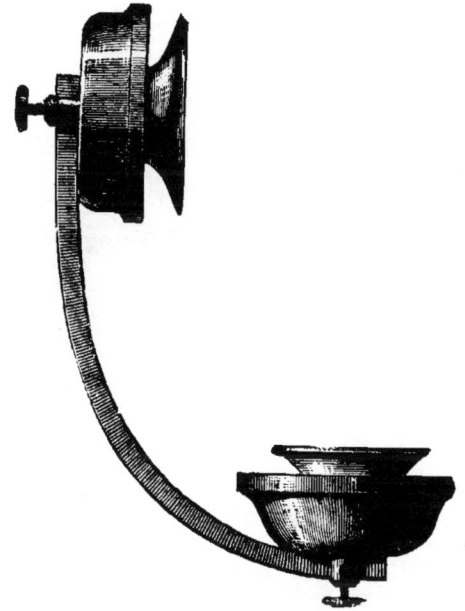

Fig. 154. — Téléphone portatif à l'usage des employés du bureau central.

dans les trous G D du commutateur de l'un des abonnés et l'autre fiche dans les trous E F du commutateur de l'autre abonné.

Lorsque l'employé doit lui-même correspondre avec un abonné, soit pour écouter une demande de communication,

soit pour s'informer si les appareils fonctionnent bien, soit
pour tout autre motif, il enfonce dans les trous de droite

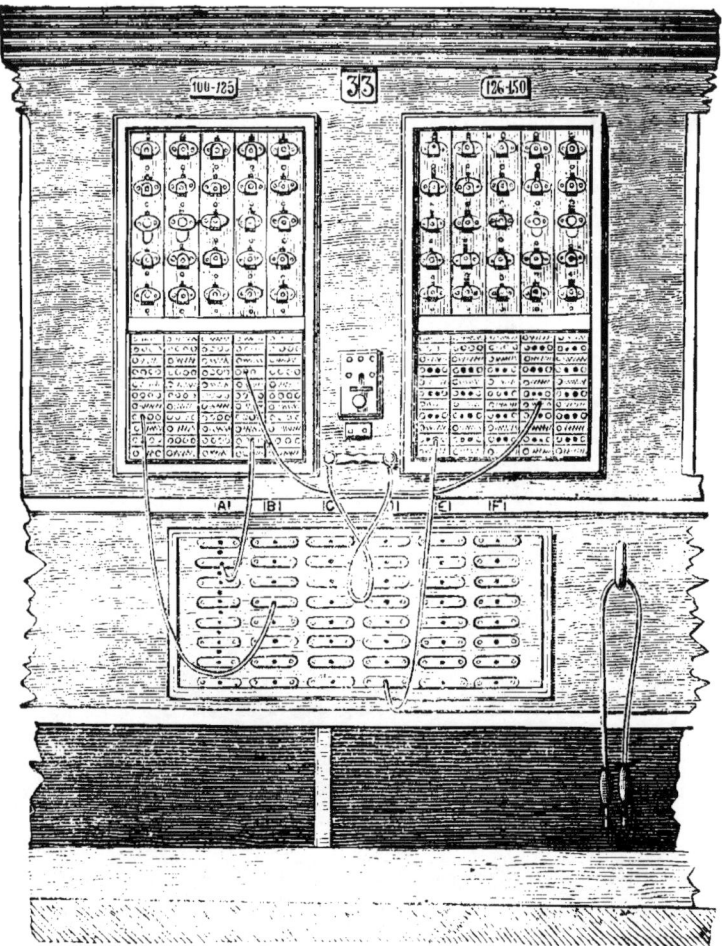

Fig. 155. — Tableau de bureau central

du commutateur de ce correspondant une fiche identique à celle que nous venons de décrire, reliée par un cordon souple au microphone et au récepteur représentés fig. 154

La figure 155 montre un tableau de bureau central. Dans la partie supérieure, sont les indicateurs dont les plaques, en tombant par l'effet du déclenchement électro-magnétique, découvrent les numéros correspondant aux postes appelants et font retentir une sonnerie. Au-dessous, sont les commutateurs. Au milieu est un bouton d'appel actionnant les sonneries des abonnés. Une prise de courant sert à mettre l'appareil téléphonique de l'employé en communication avec la ligne.

Dans les bureaux importants, il y a plusieurs tableaux semblables, que l'on fait communiquer entre eux, au moyen de commutateurs et de fiches.

Au début, l'administration des téléphones reliait chaque abonné avec le bureau central au moyen d'un fil unique et utilisait le retour du courant par la terre, comme on le fait pour le télégraphe. Il a fallu renoncer à ce dispositif économique, à cause des phénomènes d'induction qui venaient fréquemment apporter des perturbations dans le fonctionnement des récepteurs : des bruits étrangers en résultaient, souvent assez intenses pour dominer le bruit des conversations. Aujourd'hui, on installe partout le téléphone avec deux fils, malgré la dépense qui résulte de cette double canalisation. On évite ainsi l'influence qui pourrait résulter d'un conducteur voisin, d'un fil télégraphique, par exemple. L'électricité, en effet, parcourant l'un des fils téléphoniques dans un sens et l'autre fil dans le sens opposé, on conçoit que les courants induits qui viendraient à s'y produire seraient annulés.

Ce n'est pas à dire, toutefois, que l'on évite toute espèce

de perturbation. Quiconque se sert journellement du téléphone a certainement entendu le crépitement caractéristique, connu sous le nom de *bruit de friture*, ainsi que le
bourdonnement qui se manifeste chaque fois que les fils
aériens sont secoués par un vent violent. Dans les villes où
le bureau central est installé à proximité des appareils
télégraphiques, les abonnés entendent continuellement
fonctionner les clés de Morse et les moteurs Hughes ou
Baudot. Dans les transmissions à grande distance, une
diffférence de température ou de pression barométrique entre les deux postes suffit quelquefois pour rendre
les paroles transmises complètement inintelligibles.

Si, à ces inconvénients, on ajoute ceux qui proviennent
d'une organisation défectueuse et d'un personnel féminin
insuffisant, capricieux, distrait, taquin, même indiscret,
comme en on a eu la preuve à diverses reprises, on sera
convaincu qu'il y aurait encore beaucoup à faire pour retirer de l'admirable invention de Graham Bell tous les services que l'on peut en attendre.

Le perfectionnement qui paraît le plus urgent est le fonctionnement automatique des bureaux centraux. On sait
avec quelle nonchalance énervante les demoiselles du
« bout de fil » remplissent d'ordinaire des fonctions pour
lesquelles elles ne sont point faites ; on conçoit l'irritation
de l'abonné pressé d'obtenir une communication urgente
et obligé d'attendre qu'elles veuillent bien mettre un terme
à leurs bavardages. Quant à leurs distractions, elles sont
devenues proverbiales et les quiproquos qui en résultent
ne se comptent plus. Rappelons seulement celui-ci, qui est
bien typique. La scène s'est passée à Berne.

Un des principaux marchands de bestiaux de cette ville
demandait à téléphoner à l'abattoir, où il avait fait conduire

un troupeau de veaux. Mais on lui donna, par erreur, la
communication avec l'hôtel de ville, où le conseil entrait
en séance, et l'on juge de la stupéfaction du secrétaire,
quand il entendit une voix demander dans le récepteur :
« Tous les veaux sont-ils arrivés ? »

***

Une invention récente, due à M. Apostoloff, va peut-être.
si l'administration accepte de la mettre en pratique, introduire sous peu des modifications profondes dans le fonctionnement des réseaux téléphoniques, car elle permet à
l'abonné d'établir lui-même la communication avec son
correspondant, même si ce dernier habite une ville éloignée.

Ce système assure, d'une façon absolue, le secret des
conversations, simplifie les bureaux centraux et, supprimant presque complètement leur personnel, pourrait contribuer à la réduction des tarifs actuels par l'abaissement
des frais d'exploitation. Il a paru si pratique et si sérieux
que la direction des télégraphes et téléphones anglais a
fait procéder à des essais dont les résultats sont des plus
satisfaisants.

Les modifications qu'il nécessite sont peu nombreuses.
Les transmetteurs et les récepteurs ordinaires sont conser-
vés. On y joint seulement une boîte dans laquelle est contenu le mécanisme établissant automatiquement les communications.

Cette boîte est percée de trois ouvertures et munie de
plusieurs boutons. En pressant les deux boutons extrêmes
on fait apparaître le numéro de l'abonné à qui l'on désire
parler : les chiffres des mille et des centaines apparaissent
dans l'ouverture de gauche; ceux des dizaines et des unités,
dans celle de droite.

L'ouverture centrale indique l'état des communications.
Le mot *off* indique que l'appareil est sans communication.

Voici comment M. N. Pradiss, qui a dirigé les expériences
en Angleterre, décrit le fonctionnement du système Apostoloff.

« Supposons que l'abonné A veuille communiquer
« avec l'abonné B, numéro 2735 ; M. A presse les boutons
« de l'ouverture de gauche, les chiffres se présentent suc-
« cessivement et dans l'ordre, la pression est continuée
« jusqu'à ce que les chiffres 2 et 7 apparaissent ; puis il
« presse les boutons de l'ouverture de droite jusqu'à la
« venue des chiffres 3 et 5 : il presse ensuite le bouton por-
« tant le mot *call* (appel) ; l'indicateur fait paraître alors
« le mot *ring* (sonnerie), après quoi il sonne à l'appareil
« comme à l'ordinaire.

« M. B. au bruit de la sonnette vient à son appareil et
« voit à l'indicateur le mot *call* qu'ont fait apparaître les
« manipulateurs de A. B touche le bouton portant le mot
« *call* et *are you there* (êtes-vous là) apparaît en même
« temps aux indicateurs A et B qui peuvent commencer
« leur conversation. Une fois celle-ci terminée A. et B.
« touchent le bouton portant le mot *finish* (fini) et le mot
« *off* reparaît dans les deux indicateurs. »

Les fils de tous les abonnés viennent converger au bureau
central, où sont installés les commutateurs automatiques.
Le personnel est réduit à un seul surveillant.

⋆
⋆ ⋆

Les téléphones domestiques comportent parfois l'installation d'un petit poste central, tel que celui représenté
figure 156. Pour pouvoir, en effet, correspondre de l'un
quelconque des appartements avec les autres pièces, on

centralise à un endroit déterminé les fils de tous les téléphones de la maison et le domestique auquel est confié ce

Fig. 156. — Poste central domestique.

soin donne la communication demandée. Les indications
du tableau sont faciles à comprendre et la manœuvre des
commutateurs ne présente aucune difficulté.

La figure 157 représente un petit tableau central à trois numéros. Une déchirure de la boite montre la disposition de l'un des indicateurs.

La même disposition est fréquemment employée pour

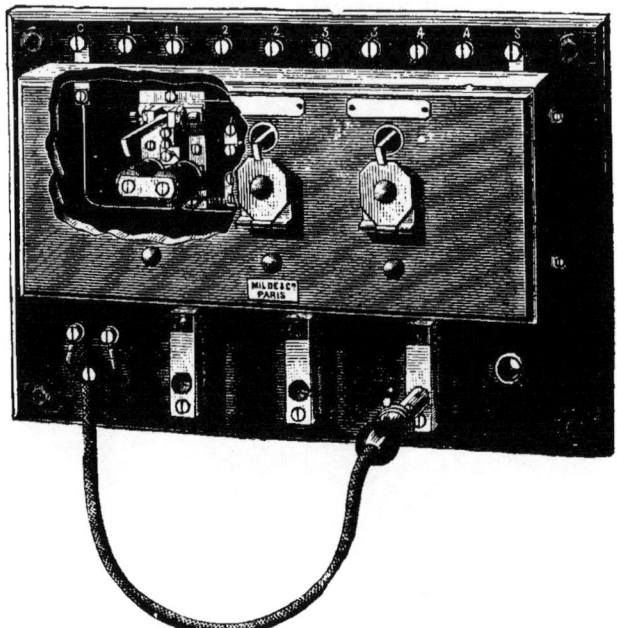

Fig. 157. — Tableau central à trois numéros.

faire communiquer le domicile ou le cabinet d'un industriel avec les divers services que comporte son administration, usine, atelier, magasin de vente, dépôt, etc.

Lorsque ces postes sont peu éloignés du poste central, on peut se contenter de téléphones magnétiques, et actionner la sonnerie d'appel (dont on ne peut se passer que si l'on emploie l'appareil Gower muni d'une anche vibrante)

soit par une petite pile, soit par une machine d'induction
dont il suffit de tourner la manivelle (fig. 159). Les appareils employés, transmetteurs et récepteurs, sont simplifiés
le plus possible, comme on peut s'en rendre compte par
les dessins que nous donnons de téléphones privés.

Nous mettons également sous les yeux du lecteur, dans

Fig. 158. — Fonctionnement d'un poste central domestique.

les dernières pages de ce chapitre, les principales dispositions données actuellement aux microphones et aux
récepteurs en communication avec les bureaux centraux.

.*.
* *

Malgré les inconvénients que nous signalions plus haut,
malgré les irrégularités des communications et la difficulté
de comprendre les transmissions, à certains jours, le télé-

Fig. 159. — Appareil Ader à sonnerie magnétique.

phone est entré depuis quelques années dans nos mœurs,
au point de constituer un véritable besoin pour tous ceux
qui ont pris l'habitude de s'en servir et qui sauraient diffi-
cilement s'en passer désormais.

L'extension progressive que prend de jour en jour l'emploi de cet appareil est telle qu'il nous faut renoncer à
établir une statistique du nombre des abonnés dans les
principales villes, car ce nombre varie d'un mois à l'autre
dans des proportions inattendues, et ce développement si

Fig. 160. — Appareil de téléphonie privée.

rapide d'une application scientifique est, à nos yeux, la
preuve la plus frappante que l'invention de Bell répond à
un besoin réel et que les services qu'elle nous rend chaque
jour sont incalculables.

* *

Les conditions d'abonnement aux réseaux téléphoniques
français sont les suivantes :

L'abonné doit fournir le microphone, les récepteurs et la sonnerie. Il est tenu de les choisir parmi les modèles-types indiqués par l'administration, et de pourvoir à leur renouvellement, dès qu'il sont reconnus impropres au service. Avant d'être mis en place, ces appareils doivent avoir été vérifiés et acceptés par les agents de l'administration.

L'État fournit le matériel de la ligne, les piles et les parafoudres, mais, en province. l'abonné doit contribuer aux

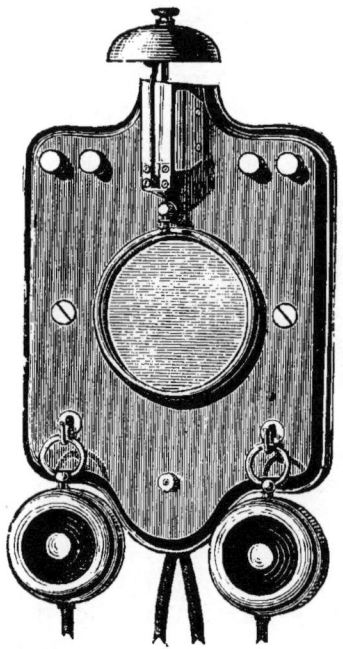

Fig.161. — Appareil de téléphonie privée.

frais de premier établissement, à raison de quinze francs par hectomètre de fil simple posé. pour les lignes aériennes, et de quarante-cinq francs pour les lignes souterraines en égout, galerie ou tranchée, ainsi que pour les lignes en câble sous plomb.

La ligne, les postes téléphoniques et les accessoires sont installés et entretenus par l'Etat et à ses frais. Toutes les détériorations dues au fait de l'abonné restent à la charge de ce dernier.

La redevance à payer existe sous deux formes différentes.

Dans les grandes villes, une somme fixe est versée cha-

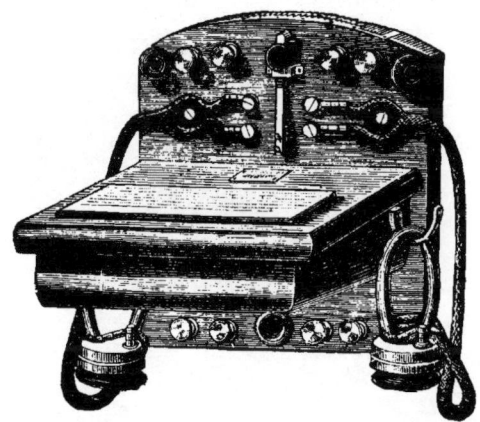

Fig. 162. — Téléphone Ader.

que année. Dans les autres, la somme fixe est réduite et chaque communication donne lieu à la perception d'une taxe de 15 centimes pour trois minutes de conversation. Depuis quelque temps. cependant, un système mixte a été admis dans les villes dont la population n'excède pas soixante mille habitants : l'abonné a la faculté d'opter entre le régime forfaitaire local et le système des conversations taxées.

A Paris, le montant annuel de l'abonnement est de 400
francs. Cette somme est augmentée de 160 francs, si l'abonné

Fig. 163. — Home téléphone.

utilise la ligne pour un téléphone domestique reliant, par
exemple, son domicile avec ses bureaux ou ses ateliers.

Dans les autres villes, le chiffre de l'abonnement varie
entre 150 et 300 francs par an.

Le système des conversations taxées est seul adopté dans
les communications de ville à ville.

Le tarif interurbain, pour la France, est de 40 centimes
entre deux réseaux d'un même département; entre les

Fig.164. — Dictée téléphonique.

réseaux de deux départements, il est de 25 centimes par
75 kilomètres ou fraction de 75 kilomètres, sans que la taxe
puisse être inférieure à 40 centimes ni supérieure à 3 francs
par unité de conversation.

La durée de l'unité de conversation est de trois minutes.

Un correspondant ne peut occuper la ligne pendant plus de trois périodes consécutives de trois minutes, si d'autres personnes attendent d'être admises à communiquer.

De Paris à Londres, chaque communication est payée 10 francs. De Paris à Bruxelles ou à Anvers, la taxe est de 3 francs.

La durée de l'abonnement est d'un an, au moins. Après la première période d'une année, l'abonnement se renouvelle, de trimestre en trimestre, par tacite reconduction, s'il n'a pas été dénoncé par l'abonné, quinze jours, au moins, avant l'expiration de la période en cours. Cet engagement n'est pas réciproque : l'administration peut, à toute époque, mettre fin au contrat, sans être tenue à aucune indemnité, et à la seule condition de rembourser le montant de l'abonnement, en proportion de la période restant à courir.

En cas de décès de l'abonné, l'effet du contrat n'est pas modifié et les héritiers sont solidairement tenus à son exécution.

Ces quelques indications suffisent pour montrer combien est encore onéreux, en France, l'usage du téléphone. Partout ailleurs, l'emploi en est sensiblement moins dispendieux.

Le prix de l'abonnement, *y compris l'installation et l'entretien*, est actuellement de 200 à 350 francs en Angleterre, de 187 francs 50 en Allemagne, de 100 à 250 francs en Belgique et de 40 à 100 francs en Suisse (plus 5 centimes par conversation, dans ce dernier pays).

Depuis longtemps déjà ces différences de prix ont été signalées au gouvernement, qui paraît ne pas comprendre combien l'abaissement du prix de l'abonnement et l'amélioration des conditions du contrat seraient fructueux, par l'augmentation du nombre des abonnés.

*
* *

Le téléphone a d éjà reçu de multiples applications. Nous
en citerons quelqu es-unes, parmi les plus originales.

Dans certaines villes d'Amérique et d'Angleterre, de
nombreux fidèles (?) ont renoncé à se rendre au temple,

Fig. 165. — Appareil microphonique Mildé, forme colonne.

pour assister à l'office religieux. Un récepteur téléphonique
à l'oreille, ils peuvent écouter, sans quitter leur chambre
les sermons et les exercices de piété.

En France, cette application assez inattendue ne s'est
point encore introduite, mais il en est une autre, au moins
aussi intéressante : c'est le *théâtrophone*.

16

Le premier essai de transmission à distance d'une audition musicale remonte à 1881. L'Opéra était relié au Palais
de l'Industrie, où l'on pouvait entendre l'orchestre et les
chants.

Les auditions à domicile ne vinrent qu'un peu plus
tard.

En 1884, à Charleroi, la compagnie des téléphones Bell
adressait à chacun de ses abonnés un avis ainsi libellé :

Concert-Téléphone.

« Dimanche, 14 août, concert au bureau central du télé-
« phone Bell. Toutes les communications seront établies
« à onze heures précises du matin. Mettre le cornet à
« l'oreille, à l'heure juste, sans avertir le bureau central. »

Ce concert eut un succès immense.

Aujourd'hui, les auditions à domicile sont organisées et
ont lieu régulièrement, sur la demande des abonnés. Une
compagnie spéciale s'est formée dans ce but, à Paris.

Les abonnés au réseau téléphonique ordinaire peuvent
entendre, chez eux, les représentations des principaux
théâtres, en payant à la compagnie du Théâtrophone un
abonnement annuel de 180 francs et une taxe de 15 francs
pour chaque soirée d'audition.

Au cours d'une soirée, l'abonné a le droit, ou de rester
en communication permanente avec le même théâtre, ou
de changer autant de fois qu'il le désire.

Il a ainsi la possibilité, sans sortir de chez soi, d'entendre successivement *Gringoire* à la Comédie Française, puis
un ou deux actes de *Cyrano de Bergerac*, un peu de mélo-
drame, quelques scènes de vaudeville, plusieurs étoiles

de cafés-concerts et de s'endormir, enfin, aux accents
d'une mélopée wagnérienne venue de l'Opéra.

Les communications sont données par le poste central
(**23**, rue Louis-le-Grand), relié, d'une part, avec les divers

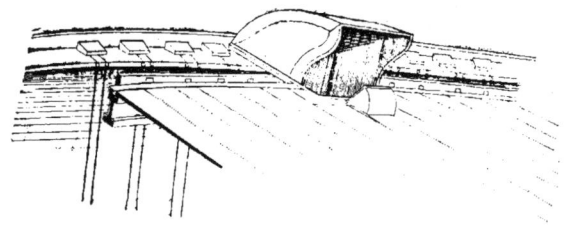

Fig. 166. — Installation des transmetteurs théàtrophoniques
sur une scène.

théâtres et, d'autre part, avec le bureau central téléphonique de l'avenue de l'Opéra. Dans ces conditions, l'abonné
qui désire une audition demande au bureau central du
téléphone la communication avec le poste du théàtrophone
auquel il désigne le théàtre qu'il veut entendre. Un tableau,
muni d'un indicateur et de commutateurs analogues à ceux
que nous avons décrits, permet de donner rapidement les
communications demandées.

La figure 166 montre de quelle façon sont disposés les
transmetteurs microphoniques sur la scène d'un théâtre
relié au théàtrophone. Ces transmetteurs sont reliés à une
pile Leclanché de six à huit éléments et aux fils primaires
de bobines d'induction. Les fils secondaires de ces bobines
sont reliés au poste de la rue Louis-le-Grand.

* *

Une autre application curieuse de l'appareil qui nous

occupe a été faite à Budapest, où M. Fuskas Tivadar a fondé
un journal téléphonique, le *Telephon Hirmondo*

Voici quelle en est l'organisation :

Un jeune homme, à la voix sympathique et sonore, est
placé devant un transmetteur et fait une lecture bien arti-
culée du journal qui vient d'être rédigé d'après les dépê-
ches venues de tous les grands centres du monde entier.

De son côté, l'abonné, tranquillement assis dans un
fauteuil, n'a qu'à mettre un récepteur à son oreille, pour
entendre toutes les nouvelles pouvant l'intéresser.

La lecture de ce journal dure à peu près toute la journée, mais chaque heure est consacrée à un sujet particulier.

On commence, à neuf heures et demie, par la communication des nouvelles arrivées dans la nuit. A dix heures
et demie, revue des journaux de Budapest. A onze heures
et demie, Bourse de Budapest. A onze heures trois quarts,
compte rendu de la Chambre, et ainsi de suite.

Les lectures du soir sont consacrées à l'art et à la litté-
rature. Les auteurs et les poètes ne dédaignent pas de
lire eux-mêmes leurs productions.

On termine par des exécutions musicales et par des
auditions théâtrales, car le *Thelephon Hirmondo* est relié au
théâtrophone de Budapest.

Le prix de l'abonnement à ce journal unique au monde
est de *deux sous* par jour *y compris l'installation du téléphone
à domicile.*

Nous voilà loin des conditions imposées aux abonnés
français par notre administration des téléphones.

**
* **

A l'étude du téléphone on peut rattacher une institution

qui fonctionne depuis plusieurs années dans les principales villes d'Angleterre et d'Amérique, où le rapide développement qu'elle a pris démontre qu'elle répond certainement à un besoin.

Des bureaux centraux sont établis dans les principaux quartiers et communiquent, au moyen de fils aériens ou souterrains, avec tous les abonnés. Ceux-ci ont chez eux un petit cadran sur lequel sont gravées les inscriptions suivantes : *Petit messager, voiture, médecin, pompiers, police.*

Il suffit de placer sur l'un de ces mots l'aiguille dont l'appareil est muni, pour voir arriver, au bout de quelques minutes, ce que l'on a demandé.

C'est, en somme, un télégraphe plutôt qu'un téléphone, car les demandes des abonnés sont transmises aux bureaux au moyen d'une sonnerie et d'un récepteur télégraphique Morse, qui écrit un point, ou deux, trois, quatre points, suivant que l'on désire le premier ou le deuxième, troisième, quatrième service du cadran.

Ainsi domestiquée, l'électricité est au moins aussi utile qu'un serviteur qu'il faudrait payer pendant toute l'année, alors même qu'on n'en aurait besoin qu'en de bien rares occasions. Elle permet, en cas d'accident, de se procurer rapidement un médecin, sans que personne soit obligé de quitter la maison, au moment où la présence de tout le monde peut être indispensable. De même, en cas d'incendie subit ou d'agression, surtout si l'on est seul et dans l'impossibilité d'aller chercher du secours.

⁂

Un savant écossais, du nom de Mac-Hendrick, a imaginé un téléphone à *l'usage des sourds*. Ce n'est, bien entendu, ni par le tympan, ni par le nerf acoustique, que l'inventeur est parvenu à rendre intelligible la transmission électrique des sons à ceux qui sont complètement privés du sens de l'ouïe : c'est par la peau.

Le dispositif adopté est d'une rare simplicité. Les mains du sourd plongent dans deux cuvettes remplies d'eau salée où aboutissent les extrémités, en fil de platine, du circuit téléphonique. Dès que le courant passe, le sujet ressent, au bout des doigts, une série de picotements cadencés, d'intensité variable correspondant aux vibrations qui constituent la parole.

Il est évident que, pour comprendre le sens des secousses ainsi produites, une certaine éducation est nécessaire ; mais cet apprentissage est rapidement terminé : les expériences auxquelles cette méthode a été soumise ne peuvent laisser aucun doute à cet égard. Il faut reconnaître, en tous cas, que l'essai en est facile et n'exige pas un récepteur bien compliqué.

*
* *

Au moment de terminer cette notice, j'apprends que deux inventeurs de Genève viennent de réussir à fixer les paroles transmises téléphoniquement, de façon à pouvoir les reproduire, en cas de contestation. Cette invention jouera, dans la correspondance téléphonique, le même rôle que la presse à copier dans la correspondance écrite. Aucun détail précis n'a encore été publié sur les dispositions données à la machine en question, et l'on n'en connaît, jusqu'à présent, que le nom, scientifique autant que barbare : c'est le *télémicrophonographe*!

CHAPITRE X

Une installation dans laquelle sont mises à profit toutes les connaissances acquises en électricité ne serait pas complète, si l'on négligeait d'y prévenir les accidents et les dégâts que peut occasionner la foudre.

C'est pourquoi nous terminerons cet ouvrage par l'étude des engins destinés à éviter les effets de l'électricité atmosphérique.

Si l'on n'est point encore parvenu à tirer parti de cette source naturelle d'électricité ; s'il n'est pas possible, dans l'état actuel de la science, de capter et d'utiliser les formidables charges dont les nuages orageux sont saturés, on peut, tout au moins, écarter, dans une certaine mesure, les ravages exercés par le dangereux météore où les anciens n'avaient su voir, en leur superstition aveugle, qu'une manifestation de la colère divine. Le *feu du ciel* est soumis aux mêmes lois que l'électricité de nos machines et l'application de quelques principes très élémentaires permet de lui tracer une route, qu'il est forcé de suivre, jusqu'au sein de l'immense réservoir qu'est le globe terrestre.

***

Bien que les mots *paratonnerre* et *parafoudre* soient, en principe, absolument synonymes, ils désignent néanmoins, dans le langage habituel, des engins différents.

Le paratonnerre est destiné à protéger l'ensemble de l'édifice sur lequel il est installé. Le parafoudre empêche les dégâts que pourrait causer aux appareils électriques (téléphone, lampes, moteurs)une décharge atmosphérique tombant sur les fils aériens qui amènent le courant à ces appareils.

Pour expliquer le rôle et le fonctionnement du paratonnerre, dont la théorie repose sur *l'électrisation par influence* et sur le *pouvoir des pointes*, nous croyons indispensable de rappeler brièvement quelques principes relatifs à l'électricité *statique*.

Les applications que nous avons passées en revue au cours des chapitres précédents utilisent les propriétés d'un courant électrique circulant dans un conducteur aux extrémités duquel il existe une différence de potentiel.

C'est là ce que les physiciens appellent de l'électricité *dynamique*, ou en mouvement.

Les phénomènes dont nous allons maintenant nous occuper sont ceux qui caractérisent l'électricité à l'état statique, ou en repos, existant sous forme de *charges*.

***

Accumulée à la surface d'un corps, l'électricité statique s'y maintient en équilibre, à un état de tension qui se manifeste principalment par des attractions, des répulsions et des étincelles.

Ne connaissant point encore la nature intime de l'élec-

tricité, on est réduit à en expliquer les effets par des hypo-
thèses et à faire usage de termes conventionnels.

C'est ainsi que, pour faciliter l'explication des phénomènes que l'on observe sur les corps électrisés, nous serons
obligé de conserver les anciennes expressions de *fluide* (bien
qu'il soit acquis, aujourd'hui, que l'électricité est une forme
particulière du mouvement, au même titre que la chaleur
et la lumière), et celles *d'électricité positive, électricité négative*, ce qui tendrait à laisser croire qu'il y a deux espèces
distinctes d'électricités, tandis que la théorie primitive des
deux fluides électriques, jadis proposée par Symmer, tombe
devant le principe de l'unité des forces physiques.

Nous admettrons qu'un corps est à l'état neutre, lorsque
l'éther (1) est en équilibre dans ce corps et que, lorsqu'il
y a rupture d'équilibre, l'électricité apparaît, à l'état positif s'il y a condensation de l'éther, et à l'état négatif s'il y
a raréfaction. On peut ainsi expliquer tous les phénomènes
électriques, sans imaginer des fluides spéciaux, et en les
attribuant uniquement à des augmentations ou à des dimi-
nutions dans l'éther condensé autour de chaque molécule.
Il est donc bien entendu que les expressions « fluide positif » et « fluide négatif » ne sont que des formes de langage
destinées à marquer deux états différents d'électrisation.

_____

(1) Les physiciens nomment *éther* une matière extrêmement sub-
tile, invisible, impondérable, éminemment élastique, répandue dans
l'univers entier, pénétrant même la masse de tous les corps, et dont
les vibrations seraient la cause de la lumière, de la chaleur, de
l'électricité, selon leur rapidité et leur amplitude.

L'existence de l'éther n'est qu'une hypothèse, mais cette existence
explique de nombreux phénomènes physiques, qui sans elle seraient
inexplicables.

*
* *

Le phénomène le plus frappant que permet d'observer un corps médiocrement électrisé est celui de l'attraction et de la répulsion.

Deux corps chargés de la même électricité se repoussent ; deux corps chargés d'électricités contraires s'attirent.

Cette loi est facile à vérifier, à l'aide du pendule électrique qui consiste (fig.167) en une petite balle de moelle de sureau suspendue par un fil de soie à un support isolant.

Si l'on prend deux pendules distincts, électrisés par con-

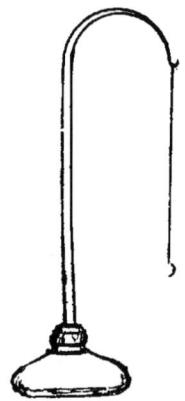

Fig. 167. — Pendule à balle de sureau.

tact, l'un positivement avec un tube de verre frotté, l'autre négativement avec un bâton de résine, et qu'on en approche différents corps électrisés, on constatera toujours que les charges positives attirent le pendule électrisé négativement et repoussent le pendule positif, tandis que le contraire s'observera avec les charges négatives.

Lorsqu'un corps électrisé est approché d'un pendule à l'état neutre, on constate une attraction. L'explication de ce phénomène va nous conduire à l'électrisation par influence.

Quand un corps A (fig. 168) électrisé, par exemple, positivement, est approché de la boule B d'un pendule à l'état

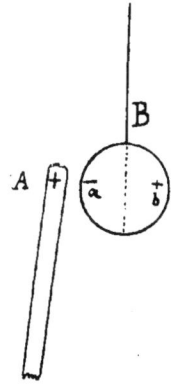

Fig. 168.

neutre, il agit de la même façon qu'un aimant à proximité d'une pièce de fer doux, c'est-à-dire que, décomposant l'électricité neutre de la balle de sureau, il attire en *a* l'électricité de nom contraire et repousse au point le plus éloigné possible *b* l'électricité de même nom. Or, les actions électriques s'exerçant en raison inverse du carré de la distance, l'attraction entre les points A et *a* l'emporte sur la répulsion entre les points A et *b* et la balle mobile s'approche du corps A par l'effet d'une résultante égale à l'excès de la force attractive sur la force répulsive.

Il se produit ainsi un développement d'électricité par influence, chaque fois qu'un corps électrisé est mis en pré-

sence d'un conducteur à l'état neutre. On démontre facilement les diverses particularités de ce phénomène au moyen
de la disposition représentée figure 169.

Un cylindre métallique BC, isolé par un manche de verre
V et pouvant se déplacer dans le sens vertical, est muni de
cinq petits pendules constitués par des balles de sureau

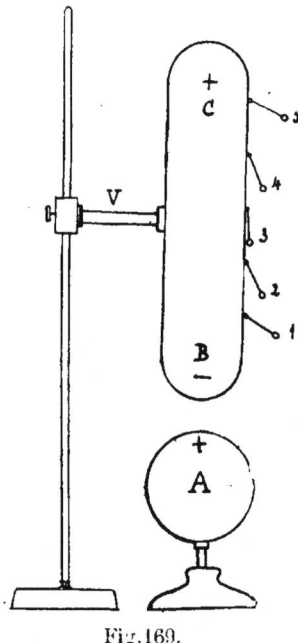

Fig. 169.

suspendues à des fils de chanvre : le chanvre est assez bon
conducteur pour que les balles restent constamment en
communication électrique avec le cylindre.

Si l'on approche de l'extrémité B un corps A chargé d'é-
lectricité positive, on voit aussitôt les pendules 1 et 5 diver-

ger fortement; les pendules 2 et 4 divergent moins que les
deux précédents et enfin le pendule 3 reste immobile. On
en conclut que les extrémités B et C sont fortement électri-
sées et que la charge décroît progressivement depuis ces
points extrêmes jusqu'au milieu de la longueur du cylindre,
où elle devient nulle.

Pour reconnaître l'espèce d'électricité ainsi développée,
on frotte sur une étoffe de laine un bâton de cire d'Espagne
et, le présentant aux pendules 1 et 2, on observe une répulsion qui montre que ces pendules sont électrisés négativement, comme le bâton de cire. En présentant de même aux
pendules 4 et 5 un tube de verre électrisé positivement, il
y a également répulsion.

Donc, des deux fluides dont la combinaison constituait
primitivement l'état neutre du cylindre, le fluide négatif,
attiré par A, s'est accumulé en quantités croissantes vers
l'extrémité B, tandis que le fluide positif a été repoussé
vers l'extrémité C. Entre les deux régions chargées d'électricités contraires se trouve une ligne à l'état neutre.

La sphère préalablement électrisée A est désignée sous
le nom de corps *influent* ou *inducteur* ; on nomme corps
influencé ou *induit* celui qui subit l'influence du premier.

Si l'on éloigne le cylindre induit BC de la sphère inductrice A, on voit diminuer la divergence des pendules. Ces
derniers reprennent la position verticale, si l'on enlève la
sphère. On conçoit, en effet, que l'action du corps inducteur cessant de se produire, les fluides que son influence
avait séparés tendent à se réunir sous l'action de leurs
attractions mutuelles.

Si l'on met le cylindre en communication avec le sol,
en le touchant *sur un quelconque de ses points*, soit avec une
tige métallique, soit avec le doigt, c'est toujours l'électri-

cité de même nom que celle de la source inductrice **qui** s'écoule dans le sol, l'électricité de nom contraire **étant** retenue par celle du corps inducteur.

Remarquons, enfin, que les électricités contraires de l'inducteur A et de l'extrémité B du cylindre tendent à se réunir. Elles ne restent maintenues à la surface des **deux** corps que par la résistance de l'air. Mais si la distance diminue ou si la tension augmente. la force attractive des deux électricités l'emporte sur l'obstacle qui les sépare, et elles se recombinent, au travers de l'air, en donnant naissance à une étincelle plus ou moins vive accompagnée d'un **bruit** sec. C'est là ce que l'on appelle la *décharge disruptive*. L'électricité positive de l'inducteur neutralisant de la **sorte** l'électricité négative du cylindre, il ne reste plus sur .ce dernier que de l'électricité positive qui se répandra **sur** toute sa surface et qui y subsistera désormais, quoique l'influence ne se produise plus.

Il nous reste à expliquer en quoi consiste le pouvoir des pointes.

Lorsqu'un corps bon conducteur et isolé reçoit une

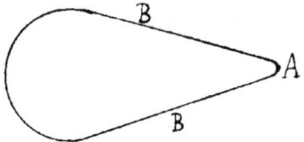

Fig. 170. — Ovoïde électrisé.

charge électrique. cette dernière se porte tout entière à la surface du conducteur. Sans entrer, pour le moment, dans plus de détails au sujet de ce phénomène, sur lequel **nous** aurons à revenir à propos des nouveaux systèmes de para-

tonnerres, nous retiendrons seulement que la façon dont la
charge se répartit à la surface du corps électrisé dépend
de la forme de ce dernier.

L'expérience montre que, sur une sphère, la charge est
la même en chaque point de sa surface. Sur un ovoïde
allongé, tel que celui représenté figure 170, l'électricité
s'accumule vers la partie la plus aiguë A, sur laquelle elle
acquiert un maximum de tension, tandis que le minimum
correspond à la région moyenne B.

Quelle que soit la forme du corps électrisé, l'analyse ma-
thématique fait voir qu'en chaque point de sa surface, la
tension est proportionnelle au carré de l'épaisseur de la
couche électrique. Si ce corps est terminé en pointe, la
charge s'accumule à l'extrémité de la pointe et la tension y
croît à un tel degré qu'elle l'emporte sur la résistance de

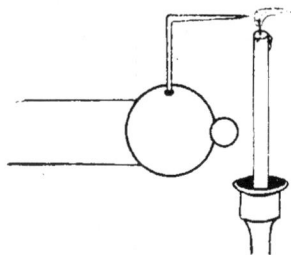

Fig. 171. — Écoulement de l'électricité par les pointes.

l'air et que l'électricité s'échappe dans l'atmosphère, si
bien que le corps électrisé a bientôt perdu toute trace d'électrisation. C'est pourquoi on a soin d'éviter les pointes et
les arêtes vives dans la construction des machines électriques et que tous les conducteurs en sont limités par des
surfaces arrondies.

L'écoulement de l'électricité par une pointe placée sur une machine électrique en activité se manifeste par une aigrette lumineuse, visible dans l'obscurité. De plus, comme le fluide, qui s'écoule par la pointe, charge l'air de la même électricité, il se produit une répulsion d'où résulte un courant d'air assez vif pour courber la flamme d'une bougie (fig. 171) et même pour l'éteindre.

On obtient le même effet en posant la bougie sur l'un des conducteurs et en lui présentant une pointe métallique que l'on tient à la main. Le courant d'air provient, dans ce dernier cas, de l'électricité contraire qui se dégage de la pointe par l'influence de la machine.

C'est également un effet d'électrisation par influence qui empêche une machine électrique de se charger, lorsqu'il se trouve, dans son voisinage, une pointe métallique en communication avec le sol. En effet, l'électricité, positive par exemple, de la machine, agissant par influence sur la pointe, il s'écoule de celle-ci un flux continu d'électricité négative, qui neutralise l'électricité positive du générateur.

*
* *

Les lois que nous venons d'exposer s'observent avec la foudre, aussi bien qu'avec l'électricité développée par les machines statiques.

Avant que la foudre éclate, le nuage orageux qui la porte, bien qu'il soit souvent à plusieurs kilomètres de hauteur, agit par influence pour repousser au loin l'électricité de même nom et pour attirer l'électricité de nom contraire, qui s'accumule sur les objets placés à la surface du sol, d'autant plus abondamment que ces objets atteignent une plus grande hauteur.

C'est pourquoi les points de la surface du sol qui forment des saillies par rapport aux points environnants, tels que les hautes montagnes, les clochers, les grands arbres, les édifices élevés, sont ceux que la foudre vient le plus souvent atteindre. Etant, en effet, le siège de la plus forte tension, il sont les plus exposés à recevoir la décharge.

Cette influence tend à s'exercer sur tous les objets, quelle qu'en soit la nature, mais elle n'est réellement efficace que sur les bons conducteurs.

Supposons maintenant une construction surmontée d'une pointe métallique en communication avec le sol. Un nuage orageux électrisé, par exemple, positivement, agit par influence sur la terre et sur les objets placés à sa surface, repoussant l'électricité positive et attirant l'électricité négative, qui se portera sur la pointe, en raison de la conductibilité et de la forme de cette dernière, et y acquerra une tension telle qu'elle s'écoulera dans l'atmosphère pour neutraliser, au moins en partie, l'électricité positive de la nue.

Tel est le principe sur lequel repose le paratonnerre primitif, imaginé par Franklin, en 1755, et encore en usage de nos jours, malgré l'invention des nouvaux engins de protection dont nous parlerons plus loin.

Nous devons indiquer, tout d'abord, les règles pratiques qu'il est indispensable d'observer dans l'installation de l'appareil de Franklin, pour qu'il puisse atteindre, aussi efficacement que possible, le but auquel il est destiné.

Ce but est double.

La pointe du paratonnerre s'oppose, en principe, à l'accumulation de l'électricité à la surface du sol et tend à ramener les nuées orageuses à l'état neutre, de façon à prévenir la chute de la foudre.

17

On conçoit, cependant, que, si la charge d'électricité est très abondante, le paratonnerre sera insuffisant pour la neutraliser. La foudre pourra alors éclater, mais, dans ce cas, le paratonnerre recevra presque toujours la décharge,

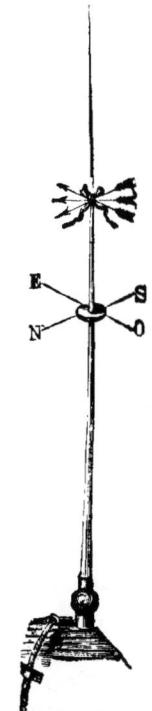

Fig. 172. — Tige de paratonnerre avec girouette.

en raison de sa plus grande conductibilité, et préservera le bâtiment sur lequel il est érigé.

Le paratonnerre remplit donc deux fonctions :

1° Il tend à empêcher la décharge disruptive, en faisant

disparaitre les causes qui pourraient déterminer cette décharge dans le voisinage d'un corps conducteur ;

2° Il facilite la décharge, dans le sol, de l'électricité atmosphérique, en la faisant s'écouler, sans danger, dans ce
vaste réservoir naturel. Pour cela, il doit offrir une excellente ligne de décharge, plus accessible à l'écoulement
de l'électricité que celle que pourraient présenter les maté-
riaux de l'édifice à protéger.

**
*

En 1823, l'Académie des sciences publiait une *Instruction
sur les paratonnerres*, dont les conclusions furent généralement adoptées en Europe. En 1853, un rapport, rédigé par
Pouillet, vint y apporter quelques modifications. D'autres
rapports ont été faits depuis lors, complétant les indications
qui peuvent rendre efficace l'établissement du paratonnerre.

Nous allons en résumer les prescriptions.

Le paratonnere de Franklin est constitué, comme on l'a
vu, par une tige métallique terminée en pointe, dressée
sur la toiture de l'édifice à protéger et mise en communication avec le sol par un conducteur. Les instructions académiques indiquent les meilleures dispositions à donner
aux diverses pièces qui composent l'appareil, c'est-à-
dire : à la *pointe*, à la *tige* et au *conducteur*.

Il était recommandé, autrefois, de terminer la tige par
une pointe fine en platine. On a reconnu, depuis, qu'une
pointe en cuivre rouge formant un cône assez évasé (30
degrés, à peu près) et longue d'environ cinquante centimètres suffit parfaitement. Elle est moins coûteuse et
d'exécution plus facile que l'aiguille de platine. On peut,
en outre, lui donner une épaisseur assez grande pour

qu'elle ne soit presque jamais fondue, même par les plus fortes décharges.

Nous représentons ci-contre deux modèles de pointes en cuivre. L'une (fig. 173) est formée d'un tronc de cône ter-miné par une olive surmontée d'une pointe. L'autre (fig. 174) est cylindrique et finit en cône évasé.

La pointe est munie d'un filetage intérieur qui s'adapte

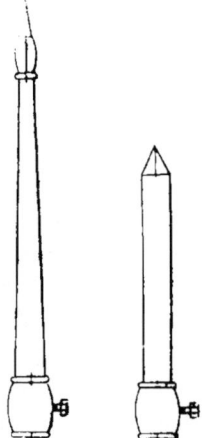

Fig. 173 et 174. — Pointes de paratonnerres.

à la tige en fer, terminée à cet effet par un pas de vis. Des goupilles à vis maintiennent les deux pièces solidement assemblées.

La tige doit être assez épaisse, soit pour assurer la résis-tance aux vents les plus violents, soit pour pouvoir donner passage à une grande quantité d'électricité, sans être expo-sée à entrer en fusion.

En France, la hauteur des tiges de paratonnerres atteint

souvent dix mètres ; en Angleterre, elle ne dépasse guère quatre ou cinq mètres.

La tige est mise en communication avec le conducteur, soit par une très bonne soudure à l'étain, soit, ce qui est préférable, au moyen d'un étrier ou collier dont les deux oreilles sont serrées à l'aide d'écrous ; une lame de plomb, écrasée par la pression de l'écrou, assure le contact et une masselotte de soudure complète la jonction.

Le conducteur reliant la tige au sol est formé d'une ou plusieurs barres de fer galvanisé. Les instructions les plus récentes de l'Académie des sciences prescrivent l'emploi de barres à section carrée d'au moins quinze millimètres de côté. Ces barres ont généralement cinq mètres de longueur chacune. Elles sont réunies les unes aux autres au moyen de vis serrées à bloc et le joint est, en outre, recouvert de soudure, de façon à assurer un contact irréprochable.

On préfère souvent faire usage de câbles métalliques galvanisés n'exigeant point de soudure et plus faciles à poser. D'après les instructions académiques, ces câbles doivent être formés de quatre torons, composés chacun de quinze fils de fer.

Un câble de cuivre rouge serait préférable à tout autre, à cause de sa conductibilité supérieure et aussi parce qu'il n'est pas exposé à la rouille.

Quel que soit le conducteur, rien n'empêche de le recouvrir d'une couche de peinture, sauf dans la partie plongeant dans l'eau.

C'est à tort qu'on isole parfois le conducteur au moyen de supports garnis d'anneaux en verre ou en porcelaine. Il est, au contraire, indispensable de le relier aux masses métalliques de l'édifice, telles que charpentes en fer, con-

duites d'eau ou de gaz, au moyen de soudures établissant
un parfait contact.

M. Nouvel conseille, en outre, de faire communiquer la
tige avec les gouttières et les tuyaux de descente qui
constituent, au moment des orages, une bonne communication avec le sol mouillé. Ce dernier devient alors, en

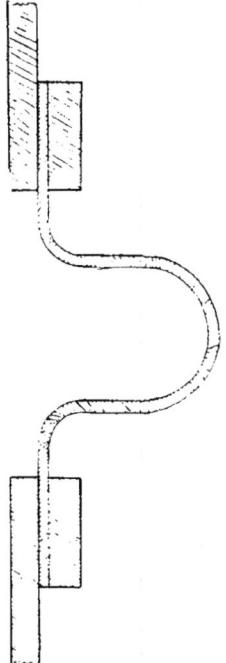

Fig. 175. — Compensateur de dilatation.

effet, un conducteur à grande surface, suffisant pour neutraliser des charges considérables.

Autant que possible, le conducteur doit suivre, dans sa

partie descendante, le mur qui fait face au côté d'où les orages viennent le plus fréquemment. Les instructions de l'Académie en donnent les raisons suivantes :

« Ces murs, étant exposés à être mouillés par la pluie, « deviennent des conducteurs, quoique imparfaits, en rai- « son de la mince nappe d'eau qui les couvre ; et si le con- « ducteur du paratonnerre n'était pas en communication « intime avec le sol, il serait possible que la foudre l'aban- « donnât pour se précipiter sur la surface mouillée. Un « autre motif encore, c'est que la direction de la foudre « peut être déterminée par celle de la pluie et qu'en outre « la face mouillée peut, comme conducteur, appeler la « foudre sur elle ».

Les courbures toujours arrondies qu'il faut donner au conducteur dans ses divers parcours suffisent ordinaire- ment au jeu des dilatations qui peuvent se produire sous l'action des changements de température. Pourtant, s'il existe une portée rectiligne assez grande, il est bon d'inter- caler, vers le milieu de sa longueur, une bande de cuivre large de 2 centimètres, épaisse de 5 millimètres et longue de 70 centimètres environ. Les extrémités de cette bande sont reliées au conducteur par une forte soudure. La bande étant pliée comme l'indique la figure 175, la dilatation du conducteur pourra s'effectuer librement et aura seulement pour effet d'augmenter plus ou moins la courbure de la lame de cuivre.

On se contentait, autrefois, de faire pénétrer le conduc- teur directement dans le sol, où il se divisait en trois ou quatre ramifications entourées de braise de boulanger.

Aujourd'hui, on l'entoure ordinairement d'un manchon en fonte, de 75 centimètres à un mètre de hauteur, fer- mé à sa partie supérieure à l'aide d'un tampon en bois traversé par le conducteur. Ce dernier est ainsi préservé des chocs et des frottements qui pourraient le briser ou diminuer son épaisseur.

La partie du conducteur enfouie dans le sol doit être mise à l'abri de l'oxydation. A cet effet, on emploie, soit du fer galvanisé, soit des rubans de cuivre rouge revêtus d'une chemise de plomb comprimée par laminage sur le cuivre même. Quel que soit, d'ailleurs, le métal employé, il est bon de l'entourer de coke ou de braise tassés dans un caniveau en briques ou en maçonnerie. La tranchée destinée à le recevoir doit être profonde de 50 centimètres, au moins.

Le conducteur se termine, soit par plusieurs racines ou ramifications de 60 centimètres de longueur, soit par un panier en fer rempli de charbon de cornue, soit encore par une hélice en cuivre, de cinq ou six tours, en forme de spirale ou de tire-bouchon, soit enfin par une plaque de tôle, d'environ un mètre carré de surface, placée de préférence verticalement et, si le puits est étroit, roulée en forme de cylindre fendu.

Ces différentes dispositions, destinées à assurer l'écoulement de l'électricité, constituent le *perd-fluide*.

Suivant Pouillet, la communication avec le sol est la partie la plus importante de l'établissement du paratonnerre : c'est souvent aussi la plus mal comprise.

La condition essentielle est que le conducteur arrive à la nappe souterraine (1) et qu'il communique largement avec elle, dût-il aller la chercher à plusieurs kilomètres de distance.

---

(1) La nappe souterraine est celle des puits qui ne tarissent jamais et qui conservent toujours 50 centimètres, au moins, de hauteur d'eau.

La braise de boulanger, dont on enveloppait jadis les dernières ramifications du conducteur, conformément aux premières instructions académiques, est tout à fait insuffisante. Il est indispensable que la communication ait lieu avec une vaste nappe d'eau. Le conducteur doit donc présenter une surface de contact aussi grande que possible avec l'eau d'une source ou d'un puits intarissable. Une citerne, dont les parois sont imperméables, ne suffirait pas pour assurer l'écoulement de l'électricité atmosphérique ; un terrain humide ne serait pas, non plus, d'une efficacité certaine.

Quand il s'agit de l'électricité de nos machines, même les plus puissantes, la surface du sol peut être considérée comme un *réservoir commun*, sa conductibilité étant suffisante pour disperser ou neutraliser toutes les petites charges électriques.

Mais, lorsqu'il s'agit de la foudre, la terre végétale, dans son état habituel, n'est plus ce qu'on peut appeler le réservoir commun et il est nécessaire d'arriver à une nappe aquifère, telle que celle des puits qui ne tarissent jamais, en communication constante avec les cours d'eau et, par suite, avec des rivières et des fleuves, avec la mer elle-même.

Il faut remarquer, d'ailleurs, que, lorsqu'un nuage orageux exerce son action sur la région qu'il domine, c'est surtout la nappe souterraine aqueuse qui, en raison de sa conductibilité, est le siège de l'électrisation par influence.

*

Un paratonnerre n'est préservatif, c'est-à-dire utile, que s'il est en parfait état : sinon, il est dangereux. C'est pourquoi il ne faut en confier la construction et l'entretien qu'à des industriels spéciaux, connaissant bien les lois et les phénomènes électriques, et non aux entrepreneurs de serrurerie ou de ferronnerie qui en sont généralement chargés.

Il est rare qu'un bâtiment, pourvu de paratonnerres établis dans de bonnes conditions et en nombre suffisant, soit frappé par la foudre. L'écoulement de l'électricité attirée vers la pointe de la tige est manifesté par une aigrette lumineuse, visible pendant la nuit. Si le paratonnerre est frappé, l'électricité s'écoule dans le sol par le conducteur, sans occasionner aucun dégât sur son passage.

Il peut arriver, cependant. que le conducteur ou la pointe soient fondus en partie.

Quand la pointe est fondue, le paratonnerre n'est pas, par cela seul. mis hors d'usage. Il conserve, au contraire, une grande partie de son efficacité.

Mais si le conducteur est détérioré, s'il est brisé, il est indispensable de le réparer sans retard, car dès qu'il présente une solution de continuité empêchant la communication avec le sol, il constitue un danger grave, même s'il n'est pas frappé par la foudre. La seule influence de l'électricité atmosphérique suffit, en effet, pour y accumuler une charge énorme et la tension peut y croître à un tel point que des décharges latérales, plus ou moins violentes, atteignent les corps voisins, enflammant des corps combustibles ou foudroyant bêtes et gens.

Il ne suffit donc pas d'avoir établi des paratonnerres sur une habitation, pour la préserver de la foudre : il faut encore les entretenir avec soin.

Il est obligatoire que l'appareil tout entier soit visité et complétement nettoyé. au moins une fois l'an et de préférence à la fin de l'automne.

L'installation doit être telle qu'il soit facile de visiter le conducteur immergé et de le remplacer, lorsqu'un séjour prolongé dans l'eau l'aura mis hors d'usage.

On veillera à ce que le fer soit garanti de la rouille et de toute rupture. Plus les tiges sont élevées, plus les dangers d'une interruption sont graves.

L'utilité du paratonnerre de Franklin ne saurait être mise en doute. Dans sa statistique des coups de foudre, Quételet a mentionné 168 cas de paratonnerres foudroyés, parmi lesquels ils ne s'en trouve que 27, soit environ un sur six, où les paratonnerres, par suite de graves imperfections constatées dans leur construction, n'ont pas complètement préservé les édifices qui les portaient.

« Il suffit, disait Gay-Lussac, de connaître le pouvoir des « pointes pour rester convaincu que les paratonnerres, « s'ils étaient plus multipliés et placés sur des lieux élevés « diminueraient réellement la matière électrique des nua- « ges et la fréquence de la chute de la foudre sur la sur- « face du globe. »

Quelles sont les limites dans lesquelles s'exerce l'action préventive du paratonnerre ?

Jadis, il était admis — et l'Académie des sciences le con- firmait dans ses *Instructions* de 1823 — qu'une tige de para- tonnerre protège, autour d'elle, un espace circulaire dont la hauteur de la tige serait le diamètre.

On a reconnu depuis que la zone protégée n'est pas aussi étendue qu'on le croyait. Au congrès des électriciens, tenu à Paris en 1881, M. H. Preece, ingénieur électricien au Post Office, de Londres, indiquait que des divers documents recueillis on pouvait déduire la règle suivante :

Un paratonnerre protège absolument un espace solide limité par une surface de révolution dont la demi-courbe méridienne est constituée par un quart de rayon égal à la hauteur du paratonnerre et tangent : 1° à celui-ci, à son extrémité supérieure ; 2° à l'horizontale passant par sa base.

La zone de protection est, comme on le voit, très restreinte en réalité. Ainsi s'expliquent.de nombreux accidents . causés par la foudre sur des bâtiments armés de paratonnerres insuffisants que l'on accuse, à tort, d'être dépourvus de toute efficacité.

On a cherché. à diverses reprises, à augmenter le pouvoir protecteur de l'appareil de Franklin.

La première amélioration importante est due à Perrot. Elle consistait à disposer, de part et d'autre de la tige prin-·

Fig. 176. — Paratonnerre Perrot.

cipale, d'autres tiges, recourbées et terminées en pointes, comme le montre la figure 176.

Perrot partait de ce principe que l'action neutralisante de la tige ne s'exerce qu'au–dessus du plan horizontal passant par la pointe, et qu'en multipliant les pointes terminales d'une tige métallique, on augmente considérablement son action neutralisante.

La multiplicité des pointes agrandit certainement le cercle de protection du paratonnerre. L'erreur de Perrot fut

de préconiser l'isolement des pièces métalliques du bâtiment. Il est reconnu, au contraire, qu'elles doivent être
soigneusement mises en communication avec le conducteur.

Plus récemment, M. Buchin a fait subir à la pointe de
l'ancien paratonnerre deux modifications successives.

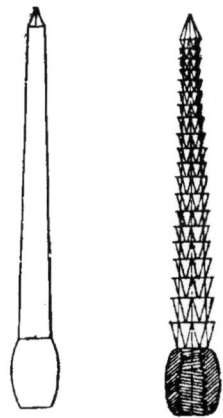

Fig. 177. et 178. — Pointes Buchin.

Il imagina d'abord, en 1877, une pointe à section angu-
laire, en cuivre rouge, terminée par une pyramide (fig. 177).
Cette forme a l'avantage de présenter une plus grande section à l'écoulement de l'électricité et d'empêcher, dans
une certaine mesure, les décharges latérales.

En 1886, M. Buchin obtint un nouveau perfectionnement,
en divisant les arêtes de la tige en un grand nombre de
pointes pyramidales, facilitant l'écoulement de l'électricité et augmentant ainsi l'action préservatrice de l'appareil.
La figure 178 représente cette nouvelle forme.

Malgré ces améliorations, le paratonnerre à tige est fré-

quemment insuffisant, en raison de son étroite limite de
protection. Dans bien des cas, notamment, il constitue un
abri incomplet contre les coups de foudre latéraux et contre les décharges ascendantes. On dit, dans le langage ordinaire : « La foudre *tombe* », mais il ne faut pas en conclure
qu'elle se dirige uniquement de haut en bas, car elle tend
à frapper dans tous les sens, se dirigeant toujours vers les
objets les plus voisins et les mieux en rapport avec le sol.
C'est ainsi que l'on a pu observer des phénomènes de foudre ascendante (1), qui se produisent probablement lorsque les nuages sont électrisés négativement et la terre
positivement. De nombreuses expériences établissent qu'à
la pression ordinaire, le fluide positif traverse plus facilement l'atmosphère que le fluide négatif.

*
* *

Dans les nouveaux systèmes de paratonnerres récemment
imaginés, on ne se borne pas à utiliser le pouvoir des pointes et l'électrisation par influence : on met aussi à profit la
propriété que présentent les charges électriques de rester
à la surface des corps conducteurs. Nous avons déjà signalé
en passant ce phénomène, mais quelques explications à cet
égard feront mieux comprendre le rôle des appareils créés
dans ces derniers temps pour préserver les bâtiments de
la foudre.

L'accumulation de l'électricité à la surface des corps
conducteurs peut être mise en évidence par plusieurs
expériences. Nous nous bornerons à indiquer les deux
suivantes.

Une sphère métallique creuse (fig. 179) percée, à sa par-

<hr/>

(1) Le colonel Parnell cite 278 cas dans lesquels on reconnaît
évidemment l'existence d'une force verticale dirigée vers le haut.

tie supérieure, d'une ouverture circulaire, est montée sur
un pied isolant. Après lui avoir communiqué une charge
électrique, on la touche successivement, à l'intérieur et à

Fig. 179. — Sphère creuse et plan d'épreuve.

l'extérieur, avec un *plan d'épreuve*. On nomme ainsi un
petit disque de clinquant collé sur une aiguille en verre
vernie à la gomme laque. En appliquant ce disque sur un
corps électrisé, on lui communique une certaine charge.
Or, si, après l'avoir mis en contact avec la surface extérieure de la sphère, on approche le plan d'épreuve d'un
pendule tel que celui décrit page 250, il y a attraction de
la balle de sureau. Si on répète la même expérience pour
un point quelconque de la surface interne, on n'observe
aucune trace d'électrisation. On en conclut qu'il n'y a
d'électricité libre qu'à la surface externe.

L'expérience qui précède est due à Coulomb. Faraday
en a imaginé une autre, plus concluante encore.

Une poche conique en mousseline, sorte de filet à papil-

lons, est fixée sur un cerceau isolé par un pied de verre
(fig. 180). Deux fils de soie, attachés des deux côtés du sommet A, permettent de retourner le sac. Après avoir électrisé
la mousseline, on constate, à l'aide du plan d'épreuve, que
la surface extérieure est seule électrisée. Puis, tirant le fil
de soie intérieur, on retourne la poche, de façon que sa
surface externe devienne surface interne et réciproquement. On constate encore que la nouvelle surface intérieure
ne présente aucune trace d'électrisation et que la charge
s'est transportée tout entière sur la nouvelle surface extérieure.

Pour constater ces phénomènes, il n'est pas nécessaire
que le corps conducteur présente une surface absolument

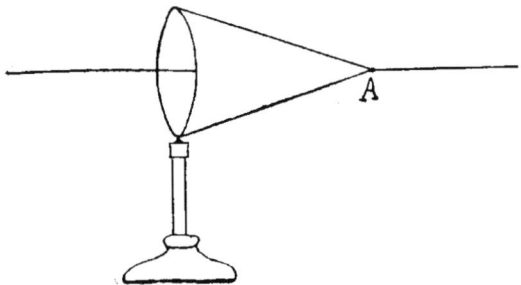

Fig. 180. — Electrisation d'une poche de mousseline.

continue. Faraday a montré qu'un cylindre en toile métallique et même une cage, pourvu que les barreaux n'en soient
pas trop écartés, protègent contre toute action électrique
un corps placé à l'intérieur. Ayant observé qu'une volière,
renfermant des oiseaux et reliée au sol par une chaîne métallique, pouvait recevoir de fortes décharges sans que les
oiseaux en fussent incommodés, le savant physicien se plaça
lui-même dans une cage à barreaux de fer fortement électrisés et ne ressentit rien.

*
* *

De ces expériences, Melsens, professeur de chimie à l'Ecole de Bruxelles, tira la conclusion que, pour être complètement à l'abri de la foudre, il suffirait de se placer à l'intérieur d'un réseau conducteur relié à la terre, et que le meilleur moyen de soustraire un édifice à l'action des décharges orageuses serait de l'entourer d'un grillage métallique. La protection resterait suffisamment efficace, alors même que la communication avec le sol serait incomplète.

En combinant ce principe avec le pouvoir des pointes,

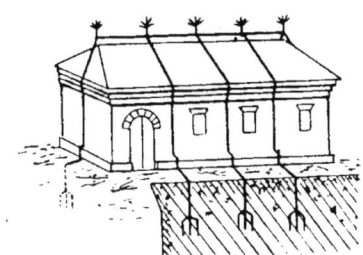

Fig . 181. — Paratonnerre Melsens.

Melsens a créé des paratonnerres moins apparents que les anciens, moins coûteux et plus efficaces.

Tout le long du faîte des toits et des angles des murs courent des fils de fer, soudés les uns aux autres et communiquant en plusieurs points avec le sol. La multiplicité des conducteurs permet de réduire leur section.

De distance en distance, ces conducteurs sont munis de gerbes formées d'aiguilles en cuivre (fig. 181) facilitant l'écoulement de l'électricité.

18

Les poutres en fer et toutes les pièces métalliques un peu importantes du bâtiment sont reliées au réseau protecteur.

Le paratonnerre Melsens est facile à installer et n'altère pas l'aspect architectural de l'édifice, car il peut aisément être dissimulé. L'hôtel de ville de Bruxelles est pourvu de paratonnerres Melsens si bien disposés qu'il est très difficile de les apercevoir.

⁎

Le paratonnerre Grenet est fondé sur le même principe que le précédent. Il est encore plus simple et plus économique, tout en offrant le maximum de protection.

Il est constitué par de nombreuses petites pointes en cuivre rouge reliées, au moyen de rubans de même métal, larges de 3 centimètres, épais de 2 millimètres, à toutes les parties métalliques de l'édifice. Ces rubans s'appliquent, sans produire de saillie appréciable, sur la toiture et le long des murs, dans tous les sens, et en suivent tous les contours. Rien n'empêche de les dissimuler sous une couche de peinture et de les protéger, dans les endroits trop facilement accessibles, par des plaques de fer qui les mettent à l'abri de toute atteinte.

Ces conducteurs sont faciles à assembler, à l'aide de boulons ou de soudures assurant une conductibilité parfaite. Ils sont, de plus, très légers : un mètre de ruban pèse 500 grammes, tandis qu'un mètre de conducteur en fer, ayant même conductibilité, pèserait 3 kilos. On peut donc les établir aisément, et sans travaux spéciaux, sur les faîtages les plus légers.

La communication avec le sol doit être, comme toujours, l'objet d'un soin particulier. On l'obtient à l'aide des mêmes

rubans de cuivre roulés en spirales plongeant dans l'eau :
6 mètres de rubans sont employés pour chaque puits. Ces
spirales (fig. 182), fixées sur des croisillons, n'occupent au
fond des puits qu'une hauteur inférieure à 8 centi-

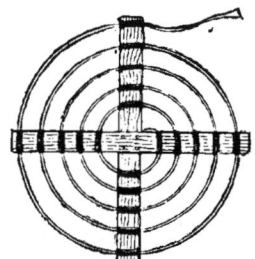

Fig. 182. — Perd-fluide.

mètres, de sorte qu'une très petite hauteur d'eau suffit pour
établir une excellente communication.

L'établissement du paratonnerre Grenet coûte environ
trois fois moins que celui du paratonnerre primitif, incontestablement moins efficace.

*
* *

Bien peu de maisons encore sont pourvues de paratonnerres établis selon les données les plus récentes. On constate néanmoins dans les villes, malgré l'accroissement progressif des populations urbaines, une diminution sensible
dans le nombre des accidents dus à la foudre. Ce nombre,
au contraire, n'a aucune tendance à décroître dans les campagnes, où les habitations isolées sont particulièrement ex-
posées à recevoir les décharges orageuses et où l'érection
des paratonnerres s'impose absolument.

On peut dire, d'une façon générale, que le danger est
cinq fois plus grand à la campagne qu'à la ville. Cette dif-

férence paraît étrange, au premier abord : elle est cependant facile à expliquer.

Dans les villes à populations très denses, l'usage, de plus
en plus généralisé, du téléphone et du courant électrique
distribué par les stations centrales, multiplie, au-dessus et
autour des maisons, des réseaux métalliques de haute conductibilité et dont l'ensemble constitue, en quelque sorte,
une immense cage de Faraday.

Au cours de l'année 1895, le directeur des télégraphes
allemands s'est livré à une enquête approfondie sur l'action
des fils téléphoniques en temps d'orage. Il en résulte que
l'influence exercée est des plus heureuses, car les fils conducteurs diminuent la violence de la foudre et forment de
précieux engins protecteurs.

L'expérience a été faite sur 340 villes pourvues d'un
réseau téléphonique et sur 540 villes qui n'en possédaient
point. On a noté les cas de foudroiement qui s'étaient produits et on a pu constater que le nombre en était de 10 dans
les villes ayant un réseau téléphonique et de 46 dans les
villes sans réseau De plus, tandis que la moyenne des
coups de foudre par heure était de 5 dans ces dernières, elle
n'était que de 3 dans les autres.

Les fils de canalisation sont donc de véritables collec-
teurs de la foudre : ils agissent comme d'excellents paratonnerres, drainent le fluide orageux et le conduisent dans
le sol, où il va se perdre sans causer ni dégât ni accident.

Toutefois, pour assurer cet écoulement de l'électricité
dans le sol, il est indispensable d'assurer la communication
de ce dernier avec les lignes, téléphoniques ou autres.

Ce but est atteint par le *parafoudre*.

⁎

Les stations centrales installent généralement dans l'usine

même les parafoudres destinés à protéger leurs conducteurs, les dynamos et les appareils d'utilisation.

L'administration des téléphones place un parafoudre double chez chaque abonné, indépendamment de ceux qui existent au poste central.

Le principe de tous ces parafoudres, dont les divers modèles ne diffèrent les uns des autres que par quelques détails de construction, est le suivant :

L'électricité développée par un coup de foudre est toujours à une très haute tension et peut traverser facilement

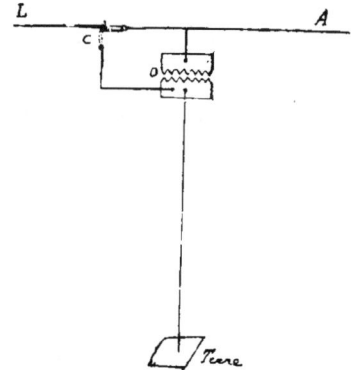

Fig. 183. — Principe du parafoudre.

une mince couche d'air, tandis que le courant à bas voltage produit par les piles ou par les dynamos est absolument arrêté par cet obstacle.

Si donc on branche (fig. 183), sur le circuit reliant la ligne L aux appareils d'utilisation A, une dérivation allant à la terre, mais présentant, en O une solution de continuité, cette dérivation ne pourra être traversée que par le courant à haute tension provenant des décharges orageuses.

Généralement, on dispose en O deux plaques métalliques munies de pointes, en regard les unes des autres et très rapprochées, pour faciliter l'écoulement du fluide.

Parfois aussi, les deux plaques sont superposées, mais séparées par une lame mince formée d'une matière isolante.

Le fil de terre est généralement en cuivre ; il doit avoir environ 4 millimètres de diamètre. L'extrémité inférieure

Fig. 184. — Parafoudre à pointes.

est soudée à une plaque de fer galvanisé d'un mètre carré, au moins, de surface et de 5 millimètres d'épaisseur. Cette plaque est enfouie dans le sol humide ou, ce qui vaut mieux, immergée dans un puits en communication avec de vastes nappes d'eau. Sur ce point, du reste, comme pour la vérification et l'entretien, les précautions à prendre sont les mêmes que celles dont nous avons montré l'utilité pour la préservation des édifices par le paratonnerre.

Quand on est menacé d'un violent orage, il est prudent de mettre la ligne en communication directe avec le sol. Dans ce but, un commutateur, placé en C, permet de relier entre elles les deux plaques O.

L'administration des Téléphones fait généralement usage de parafoudres à pointes.

Le parafoudre Van Rysselberghe est formé de deux disques en cuivre séparés par une mince rondelle de papier, qui produit un écartement de cinq à six centièmes de millimètre. Il peut supporter de fortes étincelles sans être détérioré.

M. E. Thomson a cherché à éviter que le courant produit par les dynamos puisse entretenir entre les deux plaques du parafoudre l'arc que l'étincelle atmosphérique tend à amorcer et qui mettrait ces plaques hors de service.

Son appareil est constitué (fig. 185) par deux lames courbes disposées obliquement en regard l'une de l'autre, et

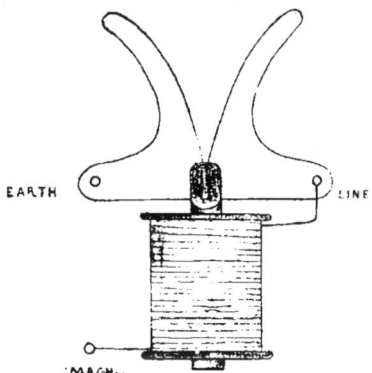

Fig. 185. — Parafoudre Thomson.

séparées par un intervalle d'un millimètre et demi dans la partie la plus rapprochée. L'une des plaques, marquée LINE, est reliée au réseau extérieur ; l'autre, marquée EARTH, communique avec le sol. Les pôles d'un électro-aimant intercalé dans le circuit entourent la partie inférieure des plaques.

Si une décharge atmosphérique se produit entre les plaques, l'arc qui s'établit est repoussé, par l'action magnétique de l'électro, vers la partie supérieure de l'appareil, où l'écart entre les deux lames est trop grand pour que l'arc puisse s'y maintenir.

Pour protéger les lignes aériennes, M. Zipernowski a imaginé une disposition très simple et d'une efficacité reconnue parfaite. Au-dessus du conducteur le plus élevé du réseau, est tendu un fil métallique communiquant avec le sol par chaque support — console ou poteau. Les lois de l'électrisatiou par influence montrent qu'en cas d'orage, ce fil sera toujours le siège de la plus haute tension et qu'il pourra seul être atteint par les décharges atmosphériques.

TABLE DES MATIÈRES

Laval. — Imprimerie parisienne L. BARNÉOUD & Cⁱᵉ.

Imprimé en France
FROC031536010720
24395FR00016B/298

9 782329 422039